经典女装制板与放码

（第二版）

杨　辉　编著

东华大学出版社

·上海·

内 容 简 介

本书是专业讲授服装工业制板技术内容的教材。主要内容从服装工业制板的基础知识开始,重点讲授女式裙装、裤装、上装的工业制板及推板原理,以及实例示范,强调工业制板和推板的专业性、规范性。

本书内容深入浅出,图文并茂,通俗易懂,可作为服装院校专业教材,也可作为服装企业技术人员、服装打板师及广大服装爱好者的学习参考书。

图书在版编目(CIP)数据

经典女装制板与放码/杨辉编著. —2 版. —上海:
东华大学出版社,2019.8
ISBN 978-7-5669-1571-9

Ⅰ.①经…　Ⅱ.①杨…　Ⅲ.①女装—服装量裁—教材
Ⅳ.①TS941.717

中国版本图书馆 CIP 数据核字(2019)第 074298 号

责任编辑:杜亚玲
封面设计:彭　波

经典女装制板与放码(第二版)

JINGDIAN NVZHUANG ZHIBAN YU FANGMA

杨　辉　编著

出　　　版:东华大学出版社(上海市延安西路 1882 号,200051)
本 社 网 址:http://www.dhupress.dhu.edu.cn
天猫旗舰店:http://dhdx.tmall.com
营 销 中 心:021-62193056　62373056　62379558
电 子 邮 箱:805744969@qq.com
印　　　刷:句容市排印厂
开　　　本:889 mm×1 194 mm　1/16
印　　　张:18
字　　　数:640 千字
版　　　次:2019 年 8 月第 2 版
印　　　次:2019 年 8 月第 1 次印刷
书　　　号:ISBN 978-7-5669-1571-9
定　　　价:56.00 元

序

　　我国自 20 世纪 80 年代初期改革开放以来，经过近 40 年的发展，各行业对发达国家的先进理论和技术手段都有了充分的理解和掌握，服装业源于外贸加工，后由服装加工企业发展起来一大批品牌，目前，这些品牌正在由大众品牌向设计品牌过渡，服装品牌正走向世界，而中国也正力图实现从世界服装生产大国向世界时装品牌强国的转变，服装产业的快速发展得到了我国各级政府的大力支持，由此发展环境不断优化，产业不断升级，产业集群和大量服装园区的形成与发展，确立了中国服装产业在全球的战略位置。也正由于产业升级，对服装高端人才的需求越来越大，要求越来越高！

　　款式设计、结构设计、工艺设计是服装设计的基本要素，服装结构设计是实现服装设计的重要环节，起到承上启下的作用，对服装企业而言是一项技术性要求很高的工作，要求制板师有丰富的理论知识和实操经验。我校纸样骨干教师杨辉，在服装行业工作近二十年，多年来一直与服装产业紧密结合，既具服装产业的实际经验，又具有丰富的理论教学经验，现编写此书，从企业角度出发，以企业制单为内容，尽量做到知识点与企业需求接轨，具有系统全面、分析透彻、规范标准、简明突出、通俗易懂、理论联系实际、实用性强等优点，尤其是用品牌制单作案例分析，力求做到图文并茂，科学严谨，规范标准的全套工业纸样制板，实用性强，具有时代性。

　　相信此书的出版，一定会给中国现代服装高等教育、职业教育的发展带来帮助，对培养企业实用型人才有所帮助，对进一步提高制板师技术水平和增强企业的竞争力有积极的贡献！

香港服装学院院长：周世康

前　言

　　服装工业制板与放码是一项系统的技术，它是一门涉及人体工程学、服装款式设计、服装工艺设计、服装面料学等知识的综合性学科，需要技术和艺术完美的结合。一直以来，服装工业制板与放码都是各大院校的基础课程，学习者需要花很大的时间和精力来学习才能掌握。尤其是女装款式变化大，流行周期短，制板内容更为复杂。在教学和实践中，理论与实践相结合，把制板知识融到款式结构中去，可以起到事半功倍的效果，通过本书的学习能使学生全面掌握服装制板与放码的知识，并运用到生产中去。

　　本书汇集了作者二十多年制板和教学经验，以企业实用制单为重点，对制板与放码中一些经常遇到的难点作了较深入的分析与解决，对服装制板与放码作了突破性探讨。本书注重实用性，注重与企业生产接轨，以便更好地服务企业。全书重点讲授了服装工业制板的基本原理及实际操作范例，在讲解中还特别介绍了服装样板设计及服装推板方法的灵活性，不拘泥于一种方法，使读者能够快速撑握服装板型的变化技巧。本书既可以作为服装工业制板的教材，也可作为指导服装生产的工具书。

　　在本书的编写过程中，得到了香港服装学院领导和同事的大力支持，尤其是本院高级讲师冯小川先生的大力帮助，他不但帮助绘制了服装款式图，还为本书提供了许多有价值的意见。在此，编者对为本书提出宝贵意见的朋友们表示衷心的感谢！

编著者

目　　录

第一章　服装制板基础知识 ·· 1

　第一节　人体特征、人体测量与服装号型 ·························· 1

　第二节　服装结构的制图符号和常用部位的代号 ·················· 5

　第三节　制图工具和单位转换 ···································· 7

第二章　女裙的工业制板 ·· 9

　第一节　女裙概述 ·· 9

　第二节　女式原型裙的工业制板 ································· 11

　第三节　女式西裙的工业制板 ··································· 14

　第四节　女式 A 字裙的工业制板 ································ 17

　第五节　女式褶裙的工业制板 ··································· 20

　第六节　女式斜裙的工业制板 ··································· 22

　第七节　女式圆裙的工业制板 ··································· 25

　第八节　女式节裙的工业制板 ··································· 26

　第九节　女式高腰裙的工业制板 ································· 28

　第十节　女式无腰裙的工业制板 ································· 31

　第十一节　女式活褶裙的工业制板 ······························ 35

　第十二节　女式低腰裙的工业制板 ······························ 40

　第十三节　女式八片裙的工业制板 ······························ 43

　第十四节　女式螺旋裙的工业制板 ······························ 47

　第十五节　女式碎褶裙的工业制板 ······························ 49

　第十六节　女式罗马裙的工业制板 ······························ 52

第三章　女裤装的工业制板 ··· 54

　第一节　裤装基础知识 ··· 54

　第二节　基础女裤的工业制板 ··································· 54

　第三节　女式西裤的工业制板 ··································· 58

　第四节　女式低腰裤的工业制板 ································· 61

　第五节　女式低腰牛仔裤的工业制板 ····························· 64

第六节 女式九分裤的工业制板 ……………………………………………… 68

第七节 女式无腰裤的工业制板 ……………………………………………… 72

第八节 女式打底裤的工业制板 ……………………………………………… 74

第九节 女式锥型裤的工业制板 ……………………………………………… 76

第十节 女式阔腿裤的工业制板 ……………………………………………… 81

第四章 女上装的工业制板 ……………………………………………… 85

第一节 女上装结构设计 ……………………………………………………… 85

第二节 女式立领衬衫的工业制板 …………………………………………… 122

第三节 女式连衣裙的工业制板 ……………………………………………… 127

第四节 女式吊带连衣裙的工业制板 ………………………………………… 130

第五节 女式褶裙的工业制板 ………………………………………………… 133

第六节 女式连体衫的工业制板 ……………………………………………… 136

第七节 女式旗袍的工业制板 ………………………………………………… 139

第八节 女式翻领外套的工业制板 …………………………………………… 142

第九节 女式拉链衫的工业制板 ……………………………………………… 147

第十节 女式平驳领西装的工业制板 ………………………………………… 152

第十一节 女式戗驳领西装的工业制板 ……………………………………… 157

第十二节 女式青果领西装的工业制板 ……………………………………… 163

第十三节 女式双排扣西装的工业制板 ……………………………………… 169

第十四节 女式大衣的工业制板 ……………………………………………… 175

第十五节 女式马甲的工业制板 ……………………………………………… 179

第十六节 女式插肩袖上衣的工业制板 ……………………………………… 181

第十七节 女式时装帽的工业制板 …………………………………………… 185

第十八节 女式针织衫的工业制板 …………………………………………… 187

第十九节 女式羽绒服的工业制板 …………………………………………… 189

第五章 女装制板与放码 ………………………………………………… 193

第一节 服装制板的概念与特征 ……………………………………………… 193

第二节 制板的准备、制板的程序、样板的标记及样板的整理 …………… 194

第三节 服装放码(推板)基础知识 …………………………………………… 195

第四节 女式西裙的放码 ……………………………………………………… 197

第五节 女式褶裙的制板、放码 ……………………………………………… 200

第六节 女式分割线短裙的制板、放码 ……………………………………… 205

第七节 女式西裤的制板、放码 ……………………………………………… 211

第八节 女式七分裤的制板、放码 …………………………………………… 213

第九节 女式牛仔裤的制板、放码 …………………………………………… 217

第十节　女式衬衫的制板、放码 ……………………………………………………………… 222

第十一节　女式短袖衬衫的制板、放码 ……………………………………………………… 225

第十二节　女式吊带连衣裙的制板、放码 …………………………………………………… 231

第十三节　女式平驳领西装的制板、放码 …………………………………………………… 237

第十四节　女式弯驳领西装的制板、放码 …………………………………………………… 244

第十五节　女式大衣的制板、放码 …………………………………………………………… 253

第十六节　女式插肩袖外套的制板、放码 …………………………………………………… 262

第十七节　女式针织衫的制板、放码 ………………………………………………………… 269

第十八节　女式立领外套的制板、放码 ……………………………………………………… 273

第一章　服装制板基础知识

一件衣服最终要穿在人身上才能实现价值,而人是复杂的立体且具有一定的活动量,所以服装结构设计是服装由平面向立体转化的重要技术手段。它蕴含了设计者对人体动静态造型的理解以及对服装内在结构与外部造型的创造。因此,人体动静态结构是服装款式设计和服装样板制作的基础。本章着重讲述人体特征、人体测量、服装号型以及制图等基础知识。只有掌握了这些基本知识,才可以从根本上理解服装制板的原理和实质,才能运用这些原理和规律准确、快捷地进行服装结构设计。

第一节　人体特征、人体测量与服装号型

一、人体特征

由于不同性别、不同年龄之间体型上的差异致使对应类别的服装裁剪有所区别。因此,了解和掌握不同人群之间体型上的差别和特征十分重要。

人体的比例关系通常以头长为基准单位,中国人的身高通常为7个头长左右,体型修长的身高可达7.5个头长。

（一）人体体型差异

男性体型的主要特征为胸部骨骼肌肉宽大,肩宽且平,肩宽大于臀宽,腰部以上较发达,颈围较粗,腰节偏低,在躯干部,由肩线到髋骨呈倒梯形,上大下小。故而男装易于设计成V型或H型的廓型。

女性体型的主要特征为胸部隆起,腰部凹进,臀部凸起,体型呈曲线状,肩窄且溜,腰较男性纤细,腰围线偏高,臀部宽大并且向后突出,大于肩宽,显得上窄下宽,在躯干部,由肩至髋骨呈梯形。故而女装易于设计X型或A型。

由此可见男女体态差异在躯干部位最为明显(图1-1)。

幼儿时期的体态特征是头大、颈短、躯干长、四肢较短、肩窄、腹部浑圆突出,腰围大于胸围,到儿童时期,体型发育逐渐平衡,躯干和四肢各部位相应增长,腹部也趋于平坦。

老年人体态特征是胸廓变得扁平,背部略呈弓形,各部分的肌肉松弛下垂,皮下脂肪增多,因此肥胖体型者较多,腹围较大,腹部下垂或向前突出。

（二）不同年龄阶段的体态差异

不同年龄,人体轮廓形状不完全相同。儿童时期胸部呈圆柱形,成人人体胸部呈扁平状(图1-2)。

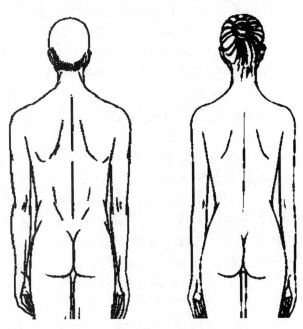

图1-1　男女体型差异对比(背面)

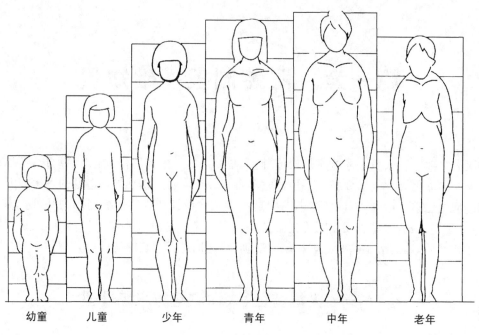

| 幼童 | 儿童 | 少年 | 青年 | 中年 | 老年 |

图 1-2　不同年龄阶段的体态特征示意图

二、人体测量

要裁制一件服装,首先要对人体的有关部位进行测量,量体所得的数据则是制板所需的主要数据。量体的数据是否准确合理,是决定服装成品是否合理的重要因素,所以说量体是服装加工制作中最关键的环节之一。

（一）量体注意事项

（1）量体前要先明确面料的质地和数量,并向被测量者询问并确定被测量者对款式的具体要求,做到心中有数。

（2）量体时要求被测量者身体站立自然,两眼平视前方,不能低头看皮尺,正常呼吸。

（3）量长度时,皮尺要垂直,量围度时,皮尺要水平,不要过松或过紧。

（4）仔细观察被测量者的体型特征,如有挺胸、驼背、大腹、溜肩等特征,应作标注,以便在裁剪时进行补正。

（5）量体时可把量得的尺寸读出来,以便及时与被测量者核对和沟通。

（6）被测量者在测量时着单件薄款服装。

（二）人体测量的部位

（1）人体测量项目由测量目的决定的,根据服装结构设计的需要,人体测量的主要项目可分为 17 个（图 1-3）。

① 总体高:人体赤足站立姿态时,从头顶点至地面的垂直距离。

② 颈椎点高:人体赤足站立姿态时,颈椎点至地面的垂直距离。

③ 上体长:自然坐姿时,颈椎点至椅面的垂直距离。

④ 下体长:从胯骨最高处量至摆跟的垂直距离。

⑤ 全臂长:肩端点至手腕的距离。

⑥ 上臂长:肩端点至肘点的距离。

⑦ 股下长:以身高减上体长所得的数据。

⑧ 领围:在颈部水平量一周所得的尺寸。

⑨ 胸围:在胸部最丰满处水平量一周的尺寸。

⑩ 腰围:在腰部最细的地方水平量一周所得的尺寸。如果腰部较粗,找不到最细处,找到袖肘线处相应的腰位进行测量。

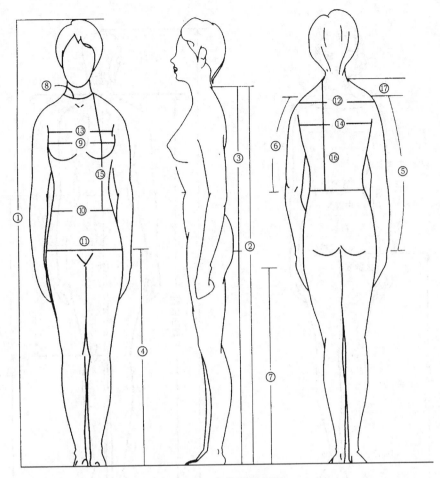

图 1-3　人体测量项目

⑪ 臀围：在臀围线最丰满处水平量一周。

⑫ 肩宽：由左肩端点经后颈点到右肩端点。

⑬ 前胸宽：从右侧腋窝沿前胸表面量至左侧腋窝的水平距离。

⑭ 后背宽：从左侧腋窝沿后胸表面量至右侧腋窝的水平距离。

⑮ 前腰节高：由肩颈点经胸高点量至腰围线的长度。

⑯ 后腰节高：由肩颈点经后背量至腰围线的长度。

⑰ 肩斜：颈椎点与肩端点之间的高度差。

⑱ 摆围：沿摆踝最细处水平围量一周所得的尺寸。

（2）制作一件上装，一般要测量衣长、胸围、腰围、臀围、袖长、袖口、肩宽、领围等。

（3）制作一件下装，一般要测量裤长、腰围、臀围、大腿围、膝围、摆围等。

（4）服装人体部位名称（图 1-4）。

（5）基本体型的女装参考尺寸表（表 1-1）。

表 1-1　160/84A 女体参考尺寸表 单位：cm

身长	160	颈根围	36.3	背长	38	胸宽	33	肩至肘	29
胸围	84	颈围	33.6	腰至臀	18	股上长	24.5	大腿围	53
腰围	66	上臂围	26	袖长	52	腰至膝	55.5	手掌围	20
臀围	90	腕围	16	肩宽	39.4	腰至摆	98	肩至乳	24.5
中臀围	86	头围	56	背宽	35	颈至摆	136	乳距	18

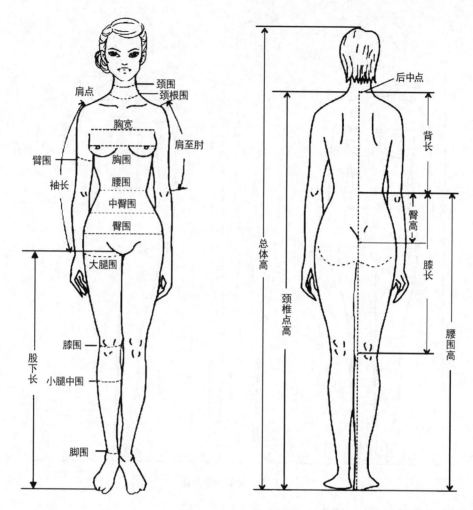

图 1-4　人体部位名称

（6）服装放松量的变化规律

服装放松量主要是指衣服与人体之间的松量或松度。因为服装号型尺寸是指人体的净的尺寸，在衣片纸样设计时必须考虑加上人体肌肉、呼吸以及人体运动所需的放松量，才是服装的成衣尺寸和服装成品的规格尺寸。纸样尺寸包括三方面因素：

① 人体尺寸，一般为测量尺寸或选择号型尺寸。高级定制采用测量尺寸，成衣企业一般选择号型尺寸进行生产。

② 松度尺寸，一般为衣身的原形结构纸样中满足人体基本舒适性而加放的松度尺寸和设计款式中造型所需的松度尺寸。

③ 工艺损耗尺寸，指在生产中导致尺寸变化的值，如面料缩水率、锁边、缉缝、裁剪等。

三、服装号型

（一）服装号型

服装号型是对应于人体净尺寸各体型类别的标志。在国家颁布的服装号型标准中，"号"指人体的高度，以身高的数值为号；"型"指人体的围度，以上装胸围或下装腰围的数值为型，同时标明所属体型。

（二）体型分类

我国体型分类根据人体胸围与腰围的差数来确定的，根据差数的大小在国家标准号型中具体分为 Y、A、B、C 四种类型的体型，其中 Y 型为瘦体型，C 为胖体型，A、B 为中等体型（表 1-2）。

表 1-2　体型分类　　　　　　　　　　　　　　　　　　　　　　　　　　　　　　　　单位:cm

体型分类	Y	A	B	C
女子胸腰差数	19～24	14～18	9～13	4～8
男子胸腰差数	17～22	12～16	7～11	2～6

（三）号型标志

按服装号型系列标准规定,服装成品必须有号型标志。其表现方法为号的数值在前,型的数值在后,中间用斜线分隔,最后是体型分类代号。例如 160/84A,即表示号(身高)为中等个 160 cm,型(净体胸围)为 84 cm,A 为体型的分类代号,表示该女子人体胸围与腰围的差数为 14～18 cm。例如 160/68A,即表示号(身高)为中等个 160 cm,型(净体腰围)为 68 cm,A 为体型的分类代号,表示该女子人体胸围与腰围的差数为 14～18 cm。例如男子成衣标有 170/88A,即表示号(身高)为中等个 170 cm,型(净体胸围)为 88 cm,A 为体型的分类代号,表示该男子人体胸围与腰围的差数为 12～16 cm。例 170/74A,即表示号(身高)为中等个 170 cm,型(净体腰围)为 74 cm,A 为体型的分类代号,表示该男子人体胸围与腰围的差数在 12～16 cm 之间。

（四）号型的应用

在结构设计前,首先要确定所选用的号型和体型,以确定尺寸的大小。作为消费者选择号型标志号型的上下范围。如选择 160/84A,这就表示该号型尺寸适合于身高在 158～162 cm,胸围与腰围差数在 14～18 cm 范围之内,体型为 A 体型的女子穿用。其它号型的应用范围可依此类推。

（五）号型系列

把人体的"号"和"型"进行有规律的分档排列,称为"号型系列","号"的分档与"型"的分档相结合,分别有 5·4 系列和 5·2 系列。号型系列中前一个数字"5"表示号的分档数值,成年男子从 155～185 cm,成年女子从 145～175 cm,均为每隔 5 cm 分为一档。后一个数字"4"或"2"是型的分档数值,成年男子上装从 72～112 cm,成年女子从 72～108 cm,每隔 4 cm 或 2 cm 分一档。下装腰围也是每隔 4 cm 或 2 cm 分一档。成年男子下装腰围从 56～108 cm,成年女子从 50～102 cm。

在服装生产中要注意选用号型系列必须考虑目标市场地区的人口状况和市场需求情况,相应地安排生产数量,以满足大部分人的穿着要求。

第二节　服装结构的制图符号和常用部位的代号

一、服装结构的制图符号

服装样板是服装结构设计人员对服装结构的理解和表达,由于存在个人经验和习惯等因素的影响,人们在进行服装的结构制图时,往往会应用不同的表达方式。为了加强在服装结构方面的交流和发展,服装行业必须形成统一通用的表达方式,服装制图的一般规范包括制图符号(表 1-3)、部位代号和制图标准。

表 1-3　结构制图符号

序号	名称	表示符号	使用说明
1	细实线	———	表示制图的基础线,也是各部位基本结构的辅助线
2	粗实线	■■■	表示制图的轮廓线
3	点画线	—·—·—	含有中心线之意,如后衣片中线
4	等分线	⌒⌒	某一部位或某一线等分成若干份

序号	名称	表示符号	使用说明
5	同寸符号	□ △ ○	两尺寸同样大小
6	虚线	—————·	压在下面的轮廓线和部位明缉线的线条
7	经向符号	←——→	衣片在衣料的布纹线,两边箭头对准衣料的经纱方向
8	顺向符号	——→	有逆顺毛的绒布等面料,箭头方向表示毛绒的顺向
9	省略符号	⊐ ⊑	为缩短长度而省略的部位,实际裁剪时按原尺寸裁剪
10	省道线	⅄	缝纫时按此符号形状对折缝合
11	注尺线	←——→	某一部位标注尺寸
12	褶裥符号		衣片上需要叠进去的部分
13	合并符号	⟨⊖⟩	纸样合并后连接裁剪的部位
14	直角符号	⌐	两条直线互相垂直
15	交叉符号	⋛	两片衣片或裙片交叉制图
16	缩缝符号	～～～	该线段内需抽拉衣料形成不规则的皱褶
17	剪切符号	⌒	线段由此剪开
18	扣眼符号	⊢—⊣	衣服扣眼位置的标记
19	钮扣符号	⊕	钉钮的位置
20	钻孔符号	○	省道缝合起点的标记

二、服装制图的常用代号

在服装制图时,为了简化制图过程,方便书写,一些常用的部位往往应用代号简化,这些代号通常是由各部位英文名词的首位字母组成,服装制图中的常用代号如表1-4。

表1-4 服装制图常用代号

人体部位名称	英文名称	常用代号	人体部位名称	英文名称	常用代号
长度	Long	L	臀围	Hip	H
胸围	Bust	B	臀围线	Hip line	HL
胸围线	Bust line	BL	中腰围	Middle hip	MH
腰围	Waist	W	中腰围线	Middle hip line	MHL
腰围线	Waist line	WL	肘线	Elbow line	EL

人体部位名称	英文名称	常用代号	人体部位名称	英文名称	常用代号
膝线	Knee line	KL	臀侧点		HP
颈围中心点	Front neck point	FNP	袖肘点	Elbow point	EP
肩端点	Shoulder point	SP	颈侧点	Side neck point	SNP
袖窿弧线	Arm hole	AH	颈围后中心点	Back neck point	BNP
后中心线	Center back line	CBL	肩省点	Shoulder cut	SD
袖窿底点		UP	头围	Head size	HS
胸宽		CH	前中心线	Center front line	CFL
胸高点	Bust point	BP	下摆	Hem line	HEM
腰侧点		WP	领围线	Neck line	NL

第三节　制图工具和单位转换

一、纸样制图的工具

纸样制图中,最主要的绘制工具有尺、笔、和纸张等(图 1-5)。

包括放码尺、软尺、自动出芯笔(0.5 mm)、笔芯(0.5 mm)、橡皮擦、刀眼钳、锥子、剪刀、胶纸座、唛架纸等。

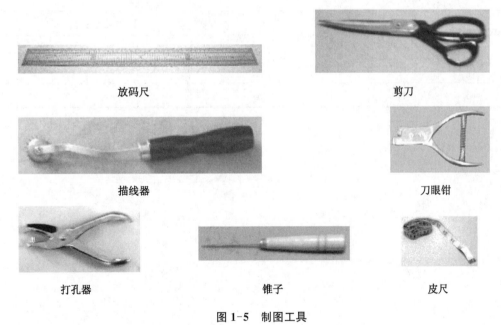

放码尺　　　　　　　　　　　　剪刀

描线器　　　　　　　　　　　　刀眼钳

打孔器　　　　　　　　锥子　　　　　　　皮尺

图 1-5　制图工具

二、英寸的使用方法各单位换算(表 1-5)

表 1-5　英寸与厘米对照表

英寸	分数	小数	厘米	英寸	分数	小数	厘米
1 分	1/8	0.125	0.32	半分	1/16	0.062 5	0.16

英寸	分数	小数	厘米	英寸	分数	小数	厘米
2分	1/4	0.25	0.64	1半分	3/16	0.187 5	0.48
3分	3/8	0.375	0.96	2半分	5/16	0.312 5	0.8
4分	1/2	0.5	1. 28	3半分	7/16	0.437 5	1. 12
5分	5/8	0.625	1. 6	4半分	9/16	0.562 5	1. 44
6分	3/4	0.75	1. 9	5半分	11/16	0.687 5	1. 76
7分	7/8	0.875	2. 25	6半分	13/16	0.812 5	2. 08
1英寸	1	1	2. 54	7半分	15/16	0.937 5	2. 4
36英寸	1码		91.44				

三、亚洲女装成品 M 码规格(参考)(表 1-6)

表 1-6　亚洲女装成品 M 码规格

部位	厘米	英寸	部位	厘米	英寸	部位	厘米	英寸
胸围	92	36-1/4″	前领宽	15	6″	大腿围	58	27-7/8″
腰围	77	30-3/8″	后领深	2	3/4″	腰节长	38	15″
肩宽	39	15-3/8″	前领深	9	3-1/2″	乳至肩	24.5	9-1/2″
背宽	36	14-1/4″	肩斜	4	1-1/2″	乳至前中线	9	3-1/2″
胸宽	34	13-1/2″	领围	38	15″	腰至臀	18	7″
袖长	57	22-1/2″	前裆弧线	26.5	10-1/2″	西裤长	102	40-1/4″
臀围	96	37-1/2″	后裆弧线	36.5	14-1/2″	后中长	58	23″
袖窿	47	18-1/2″	膝围	44	17-1/2″	西裙长	56	22″
后领围	16	6-1/4″	袖肥	33	13″			

第二章　女裙的工业制板

第一节　女裙概述

　　裙装是古今中外女性的传统服饰,在众多的服饰中历史最为悠久,裙装不仅可以体现女性婀娜多姿的身材,在设计时还可以通过丰富多彩的裙长、裙摆、褶皱、分割线及一系列的装饰变化等多个方面体现女性的仪态和风范。不仅如此,裙装还可以起到修饰体型的作用,已成为家庭、上班、运动、社交场合不可缺少的基本女装。

一、裙子的分类

　　裙子的结构较为简单,但种类及名称较多,款式变化也非常丰富。裙子的分类方法也是五花八门,主要分类方法如下。

　　1. 按裙子的长度来分类(图 2-1)

　　按裙子的长度来分,可以分为超短裙(迷你裙)、短裙、齐膝裙、中长裙、长裙、拖地裙。

　　(1) 超短裙(迷你裙):裙长到膝盖以上约 20 cm 处。常用于青年时装及运动装中,能充分显示女性的青春活力与动感,使女性更加可爱,裙长约 40(28~40) cm。

　　(2) 短裙:裙长至膝盖以上约 10 cm 处,较适合青年女性穿着,广泛运用到职业套装和流行时装中,能充分体现女性纤巧妩媚的特点,裙长约 54 cm 左右。

　　(3) 齐膝裙:裙长到膝盖处左右,较适合青年女性穿着,广泛运用于流行时装中,裙长约 60 cm 左右,但裙长不要刚好在膝盖处。

　　(4) 中长裙(中庸裙):裙长至小腿中部左右,较适合中年及老年女性穿着,具有成熟、庄重、典雅的特点,裙长约 70 cm 左右。

　　(5) 长裙:裙长至小腿 1/2 以下,但未拖地,此种长度的裙子具有含蓄、神秘的特点,并能有效地掩饰腿部缺陷,裙长约 80 cm 左右。

　　(6) 拖地裙:裙长拖地,适合比较庄重的社交场合及舞台表演穿着,具有高贵、优雅、奢华的特点,但不适合出现在生活中,裙长约 96 cm 左右。

　　2. 按裙摆分类

　　按裙摆可分为窄裙、直筒裙、A 字裙、斜裙、圆裙等。

　　3. 按腰位分类(图 2-2)

　　按腰位可分为束腰裙、无腰裙、连腰裙、低腰裙、高腰裙。其中束腰裙裙头宽约 2~4 cm,无腰裙在腰线上 0~1 cm,连腰裙裙头宽 3~4 cm,低腰裙裙头在腰线下方 2~4 cm,高腰裙裙头宽 4~8 cm。

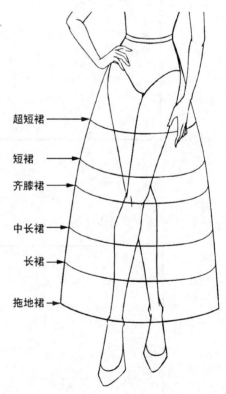

图 2-1　裙装按长度分类

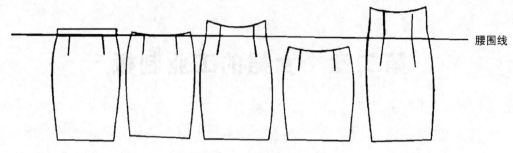

腰围线

图 2-2　裙装按腰位分类

4. 按轮廓造型分类

X 型、H 型、A 型、T 型、O 型等。

5. 按裙子片数分类

可分为两片裙、三片裙、四片裙、六片裙、八片裙等。

6. 裙装部位名称(图 2-3)

前侧缝线

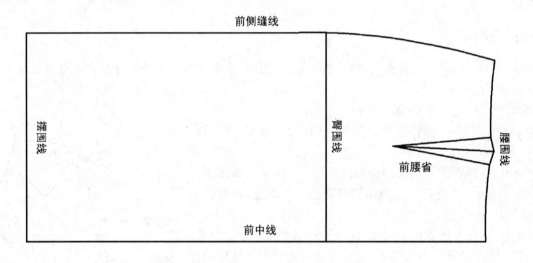

摆围线　　臀围线　　前腰省　　腰围线

前中线

后侧缝线

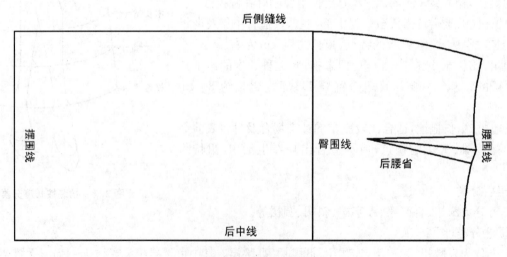

摆围线　　臀围线　　后腰省　　腰围线

后中线

图 2-3　裙装部位名称

第二节　女式原型裙的工业制板

原型裙尺寸表

号型：160/68A

部位	cm	英寸
腰围	68	26-3/4″
臀围	92	36-1/4″
摆围	92	36-1/4″
裙长	58	22-2/8″
腰头宽	4	1-1/2″

方法一：前后片独立制图法

（一）前片（图2-4-1）

（1）画摆围线、前中线。裙长＝总长－腰头＝58－4＝54 cm，画腰围线。

（2）臀围线：腰围线下量18 cm。

（3）前 H：H/4＝92/4＝23 cm。

（4）侧缝抬高1 cm。

（5）前 W：W/4＋省＝68/4＋3＝20 cm。

（6）前摆：摆围/4＝92/4＝23 cm。

（7）画侧缝线：腰围线与臀围线连线，分二等分，凸出0.3～0.5 cm，然后画顺侧缝线。

（8）画省道：找腰围线的中点，作腰围线的垂直线，省长10～11 cm，叠起省道画顺腰围线（图2-4-2）。

省道见图2-5。

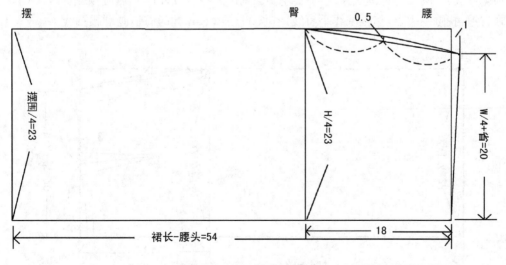

图 2-4-1　原型前片结构图

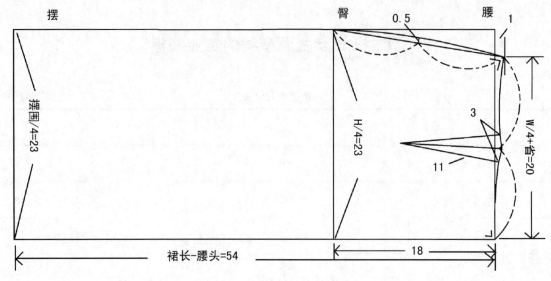

图 2-4-2　原型前片结构图

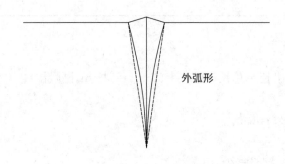

图 2-5　省道结构图

（二）后片（图 2-6）

（1）拷贝前中线、腰围线、臀围线、摆围线、侧缝抬高1 cm线。

（2）后 H：H/4=92/4=23 cm。

（3）后 W：W/4+省=68/4+3=20 cm，从后中降低0.5～1 cm 量。

（4）画侧缝线：腰围线与臀围线连线，分二等分，凸出0.3～0.5 cm ，然后画顺侧缝线。

（5）画省道：找腰围中点，作腰围线垂直线，省长 11～12 cm，叠起省道画顺腰围线。

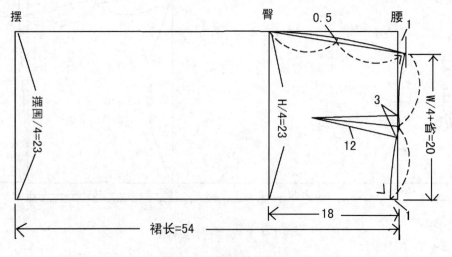

图 2-6　原型后片结构图

方法二:快速套裁法(图 2-7)

说明:腰围、省道虚线部分为前片,实线部分为后片。

(1) 复制前片纸样。

(2) 后中降低 0.5～1 cm。

(3) 后中线与侧缝线连线,取中点设后腰省,省长 11～12 cm,省宽 3 cm,叠起省道画顺后省围线。

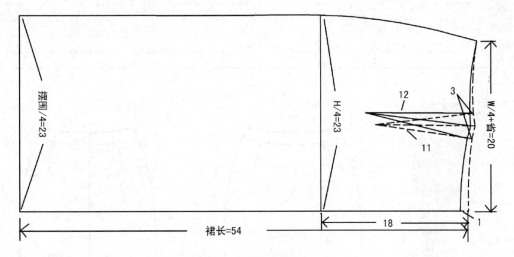

图 2-7　原型套裁结构图

(4) 注意:纸样出好之后,要做以下部位的检查(图 2-8):

① 检查纸样尺寸是否准确。

② 前后下摆相拼,摆围要圆顺。

③ 前后腰围侧缝相拼,腰围圆顺。

④ 省道合起来,腰围圆顺。

⑤ 前中、后中圆顺。

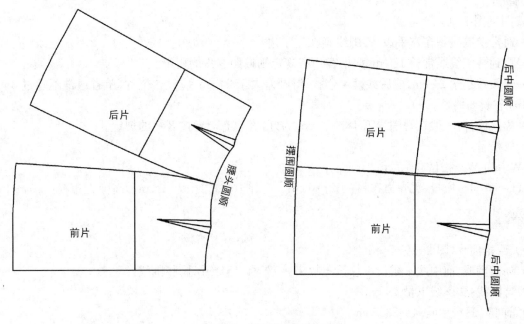

图 2-8　纸样结构图检查

客户:×××　　款号:S001　　款式:女式西裙　　号型:160/68A

部位	度法	纸样尺寸(cm)	成品尺寸(cm)	成品尺寸(英寸)
裙长	前中度	55	54	21-1/4″
腰围	直度	70	69	27-1/8″
臀围	腰下18 cm度	94	93	36-5/8″
摆围	直度	88	87	34-1/4″
腰头宽	直度	4	4	1-1/2″

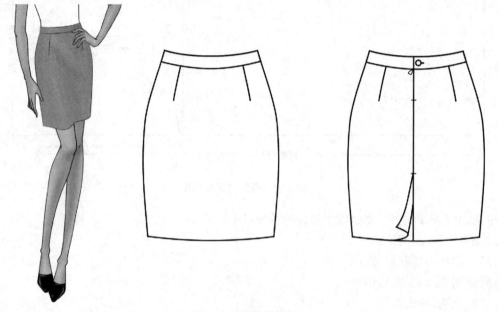

图2-9　西裙款式图

制图提示:

款式图见图2-9。

(1) 通常摆围线画在左手边,腰围线画在右手边。

(2) 腰到臀围线通常长18 cm,如果客户有规定则按照客户的规定。

(3) 臀腰差小于24 cm,前后共设4个省;臀腰差大于24 cm,应设8个省;单省通常不超过3 cm,最大打3.5 cm,省长要略长。

(4) 裙衩设计:一般在臀围线下18~20 cm为好,客户有规定按客户的规定。

(5) 放松量:

① W=净W+松量0~2 cm。

② H=净H+松量(无弹力布料:+2~6 cm。有弹力布料:+0~2 cm。高弹力布料:-0~4 cm)。

制图步骤:

（一）西裙前片(图2-10)

(1) 画摆围线、前中线。裙长=总长-腰头=55-4=51 cm,画腰围线。

(2) 臀围线:腰围线下量18 cm。

(3) 前H:H/4=94/4=23.5 cm。

(4) 侧缝抬高1 cm。

(5) 前W:(W/4+省)+0.5=(70/4+3)+0.5=21 cm。

（6）前摆：摆围/4＝88/4＝22 cm。

（7）画侧缝线：腰围线与臀围线连线，分二等分，凸出 0.3～0.5 cm，然后画顺侧缝线。

（8）画省道：找腰围线的中点，作腰围线的垂直线，省长 10～11 cm，叠起省道画顺腰围线。

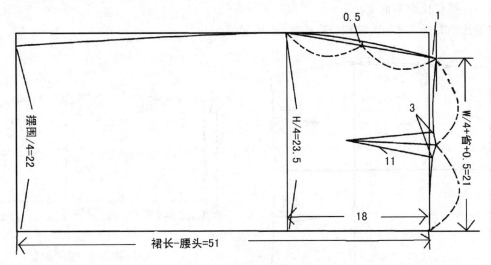

图 2-10　西裙前片结构图

（二）西裙后片（图 2-11）

说明：虚线为前片，实线为后片。

（1）拷贝前片纸样。

（2）后中降低 0.5～1 cm，撇进 1 cm 为后中线。

（3）后中线与侧缝线连线，取中点设后腰省，省长 11～12 cm，省宽 3 cm，叠起省道画顺后省围线。

（4）后衩位：臀围线下 18～20 cm，宽 4 cm。衩位边处可降低 1 cm。

（5）拉链位：后中装拉链，可定在臀围线上下 2 cm。

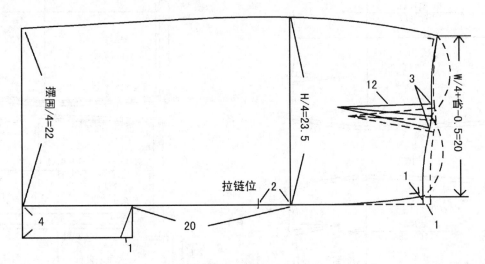

图 2-11　西裙后片结构图

（三）西裙腰头（图 2-12）

（1）腰头长 70 cm、宽 4 cm，放出突嘴 3 cm。

西裙里布的配法（图 2-13实线里布，虚线面布）：

图 2-12　西裙腰头结构图

（1）里布比面布短 3 cm。

（2）里布比面布大 0.3 cm。

（3）后里腰头装拉链处撇进 0.6 cm。

（4）里布拉链位比面布低 1 cm。

（5）衩位比面布低 0.6 cm，使衩位有松度，不吊起。

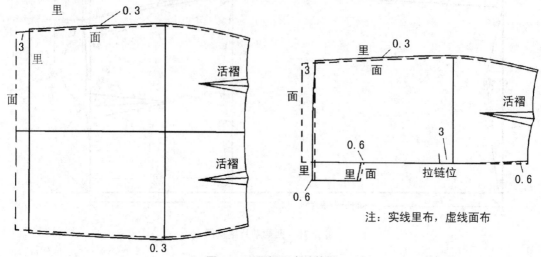

图 2-13 西裙里布结构图

（四）西裙面布缝份（图 2-14）

（五）西裙里布缝份（图 2-15）

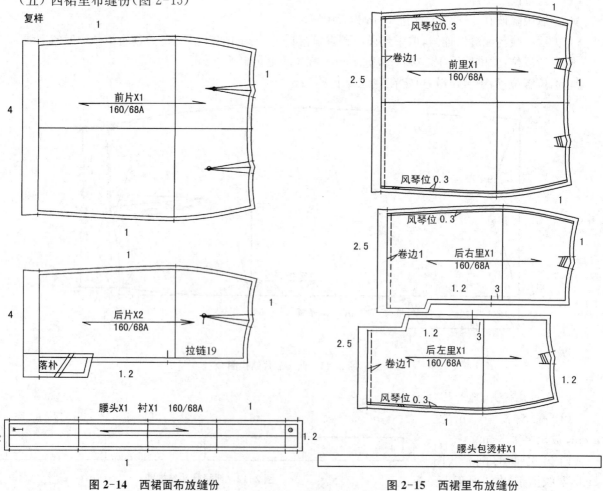

图 2-14 西裙面布放缝份　　　　　图 2-15 西裙里布放缝份

第四节　女式 A 字裙的工业制板

客户：×××　　款号：L002　　款式：女式 A 字裙　　号型：160/68A

部位	度法	纸样尺寸(cm)	成品尺寸(cm)	成品尺寸(英寸)
裙长	前中度	47	46	18″
腰围	弯度	68	68	26-3/4″
臀围	腰顶下 18 cm 度	92	91	35-7/8″
摆围	直度	100	99	39″
腰头宽	直度	4	4	1-1/2″

图 2-16　女式 A 字裙款式图

款式图见图 2-16。

制图步骤：

（一）前片（图 2-17）

（1）画摆围线、前中线。裙长＝47 cm，画腰围线。

（2）臀围线：腰围线下量 18 cm。

（3）前 H：H/4＝92/4＝23 cm。

（4）侧缝抬高 1 cm。

（5）前 W：W/4＋省＝68/4＋3＝20 cm。

（6）前摆：摆围/4＝100/4＝25 cm。

（7）画侧缝线：腰围线与臀围线连线，分二等分，凸出 0.3～0.5 cm，然后画顺侧缝线。

（8）画省道：找腰围线的中点，作腰围线的垂直线，省长 10～11 cm，叠起省道画顺腰围线。

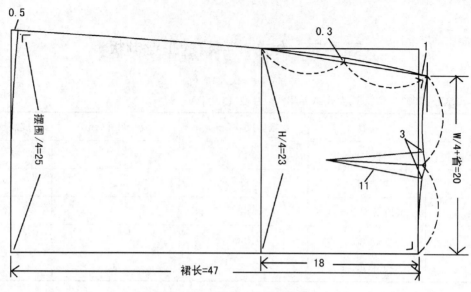

图 2-17　女式 A 字裙结构图

（二）后片（图 2-18）

说明：虚线为前片，实线为后片。

（1）拷贝前片纸样。

（2）后中降低 0.5～1 cm。

（3）后中线与侧缝线连线，取中点设后腰省，省长 11～12 cm，省宽 3 cm，叠起省道画顺后省围线。

（4）拉链位：由于侧缝装拉链，拉链可定在臀围线上下 2 cm 定位。

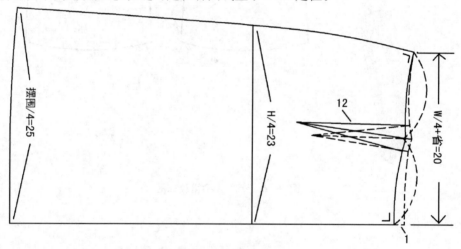

图 2-18　女式 A 字裙后片结构图

（三）弯腰头（图 2-19）

在前、后片上截取腰头宽 4 cm，合并省道，画顺腰围线。

（四）里布（图 2-20 中虚线）

（1）里布比面布短 5 cm。

（2）里布比面布大 0.3 cm。

（3）里布打活褶。

（4）里布拉链位比面布拉链位加长 1 cm。

（五）面布缝份（图 2-21）

（六）里布缝份（图 2-22）

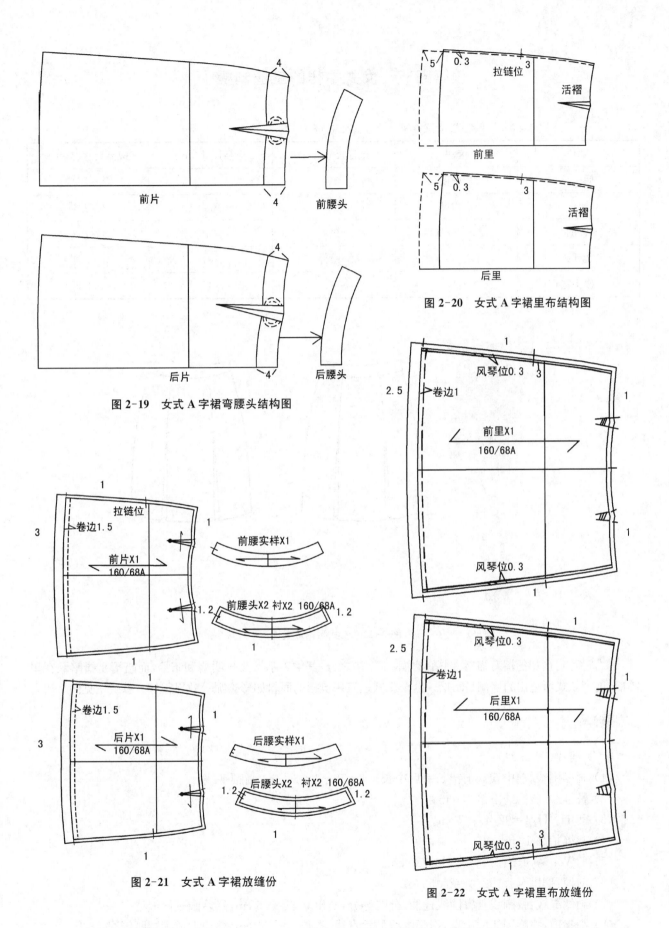

图 2-19　女式 A 字裙弯腰头结构图

图 2-20　女式 A 字裙里布结构图

图 2-21　女式 A 字裙放缝份

图 2-22　女式 A 字裙里布放缝份

第五节　女式褶裙的工业制板

客户:×××　　款号:L003　　款式:女式褶裙　　号型:160/68A

部位	度法	纸样尺寸(cm)	成品尺寸(cm)	成品尺寸(英寸)
后中长	后中度	59	58	22-7/8″
腰围	沿边度	68	68	26-3/4″
臀围	腰下18 cm度	92	91	35-7/8″
摆围	除褶直度	102	101	39-3/4″
腰头宽	直度	4	4	1-1/2″

图 2-23　女式褶裙款式图

款式特点:褶裙的褶有缩褶、倒褶、褶裥、工字褶之分,其中工字褶又分明褶和暗褶,而暗褶是指暗藏在里的褶,这个款式所适用的褶裥是暗褶。这个款式适宜用挺括的面料如彩格呢等效果很好。款式图见图2-23。

制图步骤:

(一) 前片(图 2-24):

(1) 画摆围线、前中线。前裙长=后中长+1=59+1=60 cm,画腰平线。

(2) 臀围线:腰围线下量18 cm。

(3) 前 H:H/4=92/4=23 cm。

(4) 侧缝抬高1 cm。

(5) 前 W:W/4+省=68/4+3=20 cm。

(6) 前摆:摆围/4=102/4=25.5 cm。

(7) 画侧缝线:腰围线与臀围线连线,分二等分,凸出0.3~0.5 cm,然后画顺侧缝线。

(8) 画省道:找腰围线的中点,作腰围线的垂直线,省长10~11 cm,叠起省道画顺腰围线。

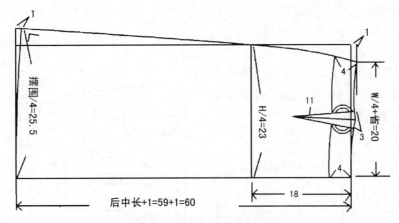

图 2-24　女式褶裙前片结构图

（二）后片（图 2-25）

（1）拷贝前片纸样。

（2）后中降低 0.5～1 cm。

（3）后中线与侧缝线连线，取中点设后腰省，省长 11～12 cm，省宽 3 cm，叠起省道画顺后省围线。

（4）拉链位：由于侧缝装拉链，拉链可定在臀围线上下 2 cm 定位。

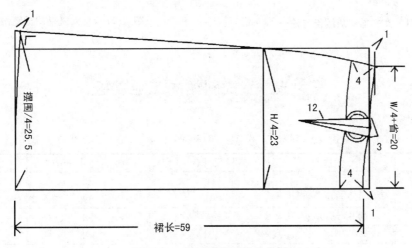

图 2-25　女式褶裙后片结构图

（三）褶的配法

（1）设褶位，设在省尖处，下摆取摆围中点为褶位。

（2）褶量：平拉开插入 8 cm，插入褶量越大，褶就越大。

（3）画顺省道两边的弧线。

（4）叠起省道画顺腰围线。

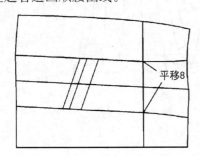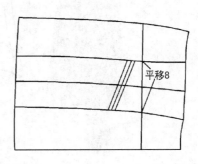

图 2-26　女式褶裙褶的结构图

（四）褶的两种缝份

方法一见图 2-27-1。

方法二见图 2-27-2。

由于褶位可以车一段，可以把车起来的那段剪去，这样比较平伏，前提是布料不透明的，透明的面料不能剪去，否则缝边会透过来。

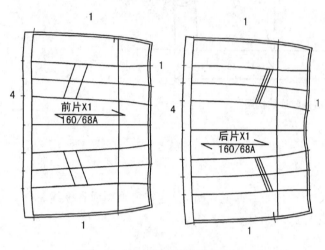

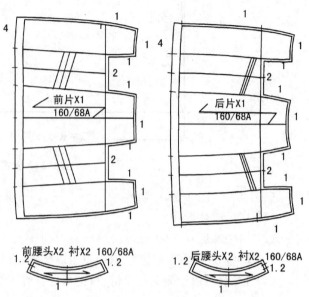

图 2-27-1　女式褶裙放缝份方法一

图 2-27-2　女式褶裙放缝份方法二

第六节　女式斜裙的工业制板

客户：×××　　款号：L005　　款式：女式斜裙　　号型：160/68A

部位	度法	纸样尺寸(cm)	成品尺寸(cm)	成品尺寸(英寸)
裙长	连腰度	81	80	31-1/2″
腰围	直度	70	69	271/8″
臀围	腰下 18 cm 度	94	93	36-5/8″
摆围	直度	104	103	40-1/2″
腰头宽	直度	3	3	1-1/8″

图 2-28　女式斜裙款式图

款式特点:在半紧身裙的基础上继续增加裙子的下摆就变成了斜裙。斜裙结构简单,行走方便,以中长裙为主。可与紧身衣或毛衫搭配,在外出时穿着最方便。款式图见图2-28。

制图步骤:

(一)前片(图2-29)

(1)画摆围线、前中线。前裙长=总长-腰头=81-3=78 cm,画腰围线。

(2)臀围线:腰围线下量18 cm。

(3)前H:H/4=94/4=23.5 cm。

(4)侧缝抬高1 cm。

(5)前W:W/4+省=70/4+3=20.5 cm。

(6)前摆:摆围/4=104/4=26 cm,摆围不算拉开的量,拉开的摆围要大。

(7)画侧缝线:腰围线与臀围线连线,分二等分,凸出0.3~0.5 cm ,然后画顺侧缝线。

(8)画省道:找腰围线的中点,作腰围线的垂直线,省长10~11 cm ,叠起省道画顺腰围线。

(9)前褶结构图(图2-30)。

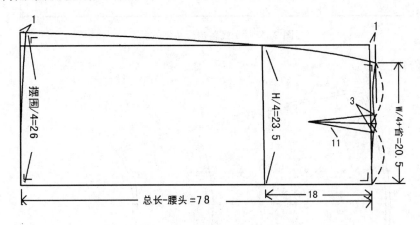

图2-29 女式斜裙前片结构图

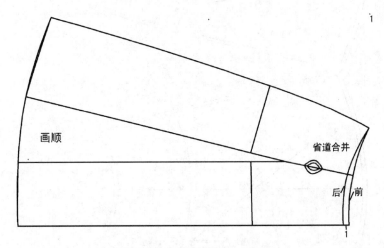

图2-30 女式斜裙前褶结构图

(二)后片(图2-31)

(1)拷贝前片纸样。

(2)后中降低0.5~1 cm。

(3)后中线与侧缝线连线,取中点设后腰省,省长11~12 cm,省宽3 cm,叠起省道画顺后省围线。

（4）拉链位：由于侧缝装拉链，拉链可定在臀围线上下 2 cm。

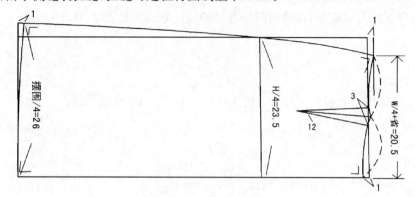

图 2-31　女式斜裙后片结构图

（三）腰头（图 2-32）

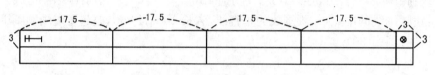

图 2-32　女式斜裙腰头结构图

（四）面布缝份（图 2-33）

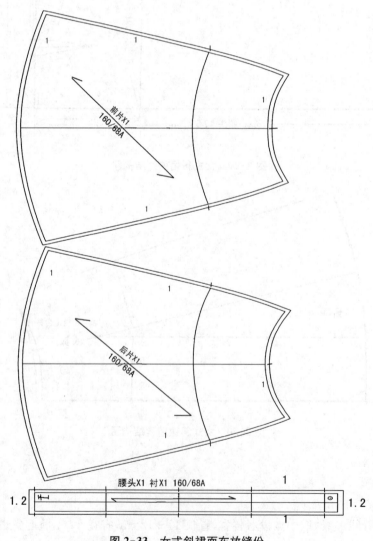

图 2-33　女式斜裙面布放缝份

第七节　女式圆裙的工业制板

客户:×××　　　款号:L005　　　款式:女式圆裙　　　号型:160/66A

部位	度法	纸样尺寸(cm)	成品尺寸(cm)	成品尺寸(英寸)
裙长	连腰度	96	95	37-3/8″
腰围	直度	67	66	26″
腰头宽	直度	3	3	1-1/8″

图2-34　女式圆裙款式图

款式特点:半圆裙是指裙子平展时刚好是一个半圆形。同理,整圆裙是指裙子平展时是一个完整的圆形。整圆裙和半圆裙的裙摆都非常大,波褶均匀、丰富,造型优美,有浓郁的舞台效果,一般用在童装或表演服装中。款式见图2-34。

（一）结构图（图2-35）

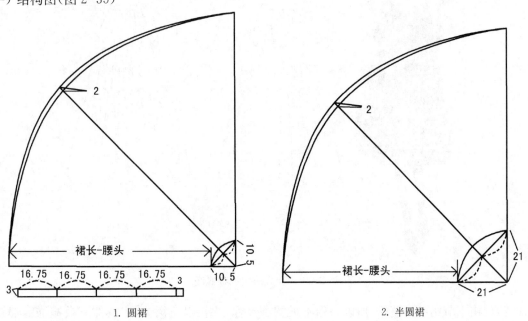

1. 圆裙　　　　　　　　　　　　　2. 半圆裙

图2-35　女式圆裙结构图

半圆裙和圆裙的结构处理完全没有省,方便直接制图,关键是要算出半径 r(图 2-35):

圆裙:$r=W/(2\times3.14)=67/(2\times3.14)\approx10.5$ cm

半圆裙:$r=W/3.14=67/3.14\approx21$ cm

(二)面布缝份(图 2-36)

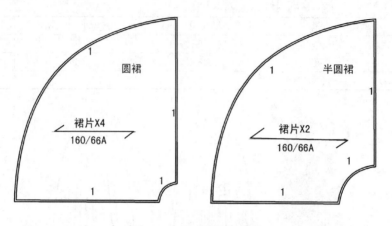

图 2-36 女式圆裙放缝份

第八节 女式节裙的工业制板

客户:×××　　　款号:L006　　　款式:女式节裙　　　号型:160/66A

部位	度法	纸样尺寸(cm)	成品尺寸(cm)	成品尺寸(英寸)
裙长	连腰度	75	74	29″
腰围	直度	68	67	26-3/8″
腰头宽	直度	3	3	1-1/8″

图 2-37 女式节裙的款式图

款式特点:由于节裙结构宽松,所以一般不设臀围尺寸,裙长以长裙为主,其能有效掩饰腿部缺陷,面料选用轻薄面料,结构中关键要算出腰围:W/4=17 cm,裙片节数也可以做成多节,腰头也可以做成橡筋腰头,这样更加容易穿着。在节数的分配中,一般可以用黄金比例进行分配,这样更加美观,具有科学性。款式见图 2-37。

（一）结构图（图 2-38）

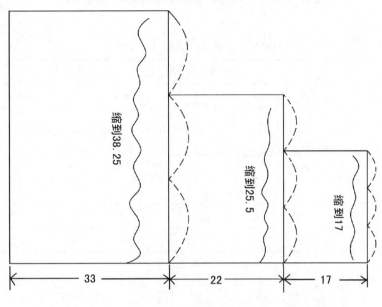

图 2-38　女式节裙结构图

（二）面布放缝份（图 2-39）

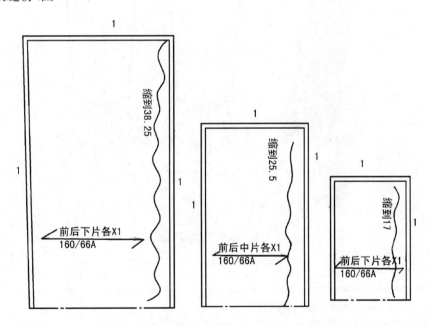

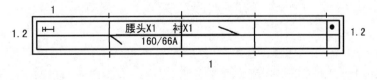

图 2-39　女式节裙放缝份

第九节　女式高腰裙的工业制板

客户：×××　　款号：L008　　款式：女式高腰裙　　号型：160/68A

部位	度法	纸样尺寸(cm)	成品尺寸(cm)	成品尺寸(英寸)
裙长	连腰度	83	82	32-1/4″
下腰围	弯度	68	68	26-3/4″
上腰围	腰顶度	72	72	28-1/4″
臀围	腰顶下 24 cm	92	91	35-7/8″
腰头宽		6	6	2-3/8″
鱼尾长		33	33	13″
摆围	分割线度	86	85	33-1/2″

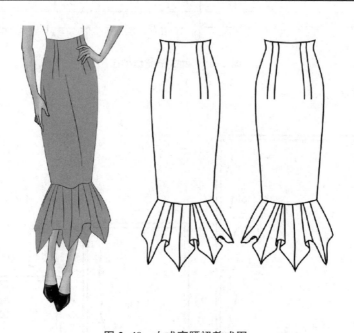

图 2-40　女式高腰裙款式图

制图步骤：

款式见图 2-40。

（一）前片（图 2-41）

（1）画摆围线、前中线。前裙长＝裙长－鱼尾长＝83－33＝50 cm，画腰围线。

（2）臀围线：腰围线下量 18 cm。

（3）前 H：H/4＝92/4＝23 cm。

（4）侧缝抬高 0.5 cm。

（5）前 W：W/4＋省＝68/4＋4＝21 cm。

（6）前摆：摆围/4＝86/4＝21.5 cm。

（7）画侧缝线：腰围线与臀围线连线，分二等分，凸出 0.3～0.5 cm，然后画顺侧缝线。

(8) 画省道:找腰围分三等分,作腰围线的垂直线,第一个省长 10~11 cm,第二个省长 9~10 cm,叠起省道画顺腰围线。

(9) 腰头宽 6 cm,由于上腰围/4 比下腰围/4 大 1 cm,在侧缝、省 5 处每处加 0.2 cm。

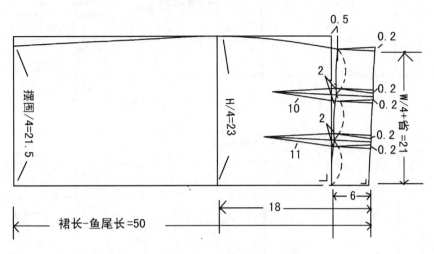

图 2-41　女式高腰裙前片结构图

(二) 后片(图 2-42)

(1) 拷贝前片纸样。

(2) 后中降低 0.5 cm。

(3) 后中线与侧缝线连线,取中点设后腰省,省长 11~12 cm,省宽 2 cm,叠起省道画顺后省围线。

(4) 拉链位:由于侧缝装拉链,拉链可定在臀围线上下 2 cm。

(5) 腰头宽 6 cm,由于上腰围比下腰围大 1 cm,在侧缝、省 5 处每处加 0.2 cm。

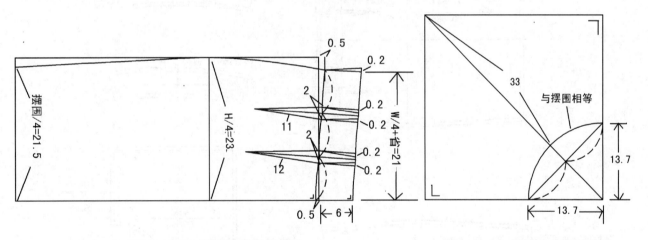

图 2-42　女式高腰裙后片结构图　　　　　　　图 2-43　女式高腰裙鱼尾结构图

(三) 鱼尾(图 2-43)

(1) 利用圆裙的结构处理法完全没有省,方便直接制图,关键算出半径 r:

r=摆围/(2×3.14)＝86/(2×3.14)≈13.7 cm。

(2) 里布、腰贴配法(图 2-44)

说明:实线为里布,虚线为面布线。

(1) 里布比面布短 5 cm。

(2) 里布比面布大 0.3 cm。

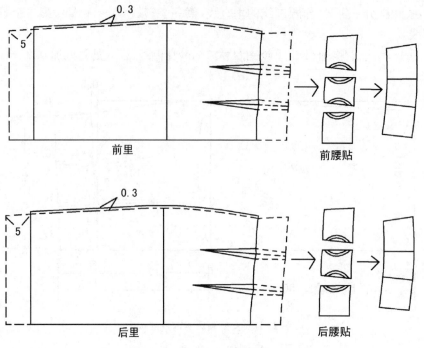

图 2-44　女式高腰裙里布、腰贴结构图

（四）面布放缝份（图 2-45）

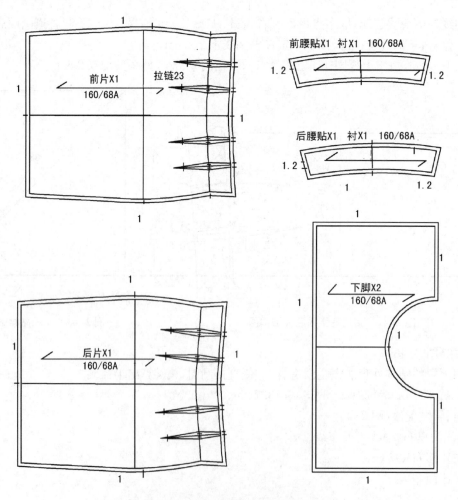

图 2-45　女式高腰裙面布放缝份

（五）里布缝份（图 2-46）

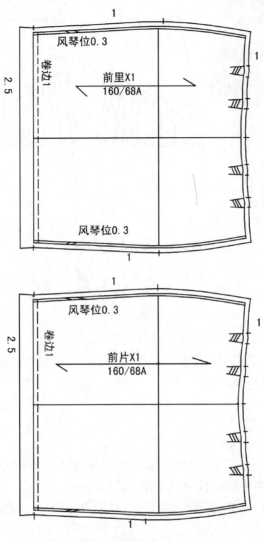

图 2-46　女式高腰裙里布放缝份

第十节　女式无腰裙的工业制板

客户：×××　　款号：L009　　款式：女式无腰裙　　号型：160/68A

部位	度法	纸样尺寸（cm）	成品尺寸（cm）	成品尺寸（英寸）
后中长	后中度	59	58	22-7/8″
腰围	沿边度	69	69	27-1/8″
臀围	腰下 18 cm 度	93	92	36-1/4″
摆围	除褶度	102	101	39-3/4″

图 2-47　女式无腰裙款式图

步骤:

款式见图 2-47。

(一) 前片(图 2-48)

(1) 画摆围线、前中线。前裙长＝后中长＋1(后低的量)＝60 cm,画腰围线。

(2) 臀围线:腰围线下量 18 cm。

(3) 前 H: H/4＝93/4＝23.25 cm。

(4) 侧缝抬高 1 cm。

(5) 前 W: W/4＋省＝69/4＋3＝20.25 cm。

(6) 前摆:摆围/4＝102/4＝25.5 cm,摆围不算拉开的量,拉开的摆围要大。

(7) 画侧缝线:腰围线与臀围线连线,分二等分,凸出 0.3～0.5 cm ,然后画顺侧缝线。

(8) 画省道:找腰围线的中点,作腰围线的垂直线,省长 10～11 cm ,叠起省道画顺腰围线。

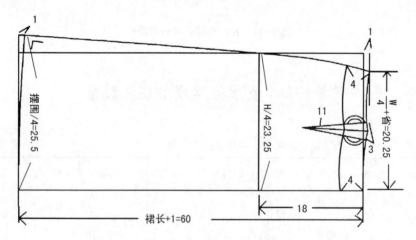

图 2-48　女式无腰裙前片结构图

(二) 后片(图 2-49)

(1) 拷贝前片纸样。

(2) 后中降低 0.5～1 cm。

(3) 后中线与侧缝线连线,取中点设后腰省,省长 11～12 cm,省宽 3 cm,叠起省道画顺后省围线。

（4）拉链位：由于侧缝装拉链，拉链可定在臀围线下 2 cm。

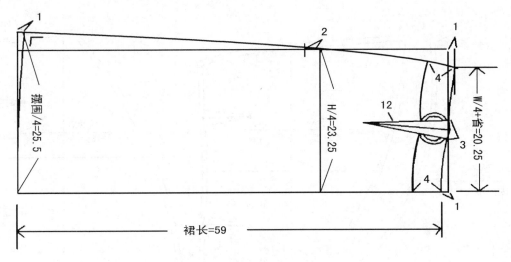

图 2-49 女式无腰裙后片结构图

（三）下摆褶结构图（图 2-50）

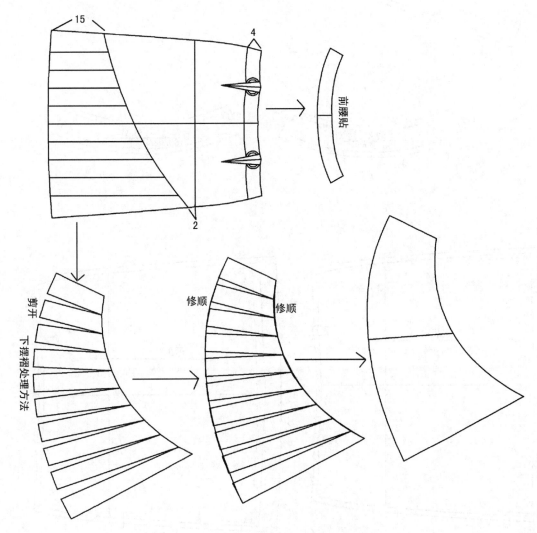

图 2-50 女式无腰裙下摆褶结构图

（四）面布、里布放缝份（图 2-51）

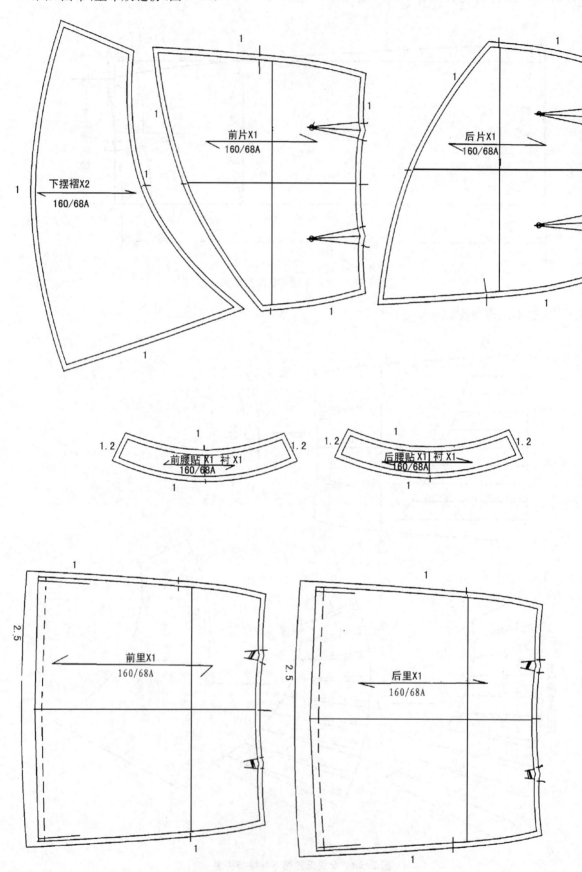

前片X1
160/68A

后片X1
160/68A

下摆褶X2
160/68A

前腰贴 X1 衬 X1
160/68A

后腰贴 X1 衬 X1
160/68A

前里X1
160/68A

后里X1
160/68A

图 2-51　女式无腰裙面布、里布放缝份

第十一节　女式活褶裙的工业制板

客户:×××　　款号:L0010　　款式:女式无腰裙　　号型:160/68A

部位	度法	纸样尺寸(cm)	成品尺寸(cm)	成品尺寸(英寸)
后中长	后中度	54	53	20-7/8″
腰围	沿边度	70	70	27-1/2″
臀围	腰下 18 cm 度	94	93	36-5/8″
摆围	直度	102	101	39-3/4″
腰头宽	直度	11	11	4-3/8″

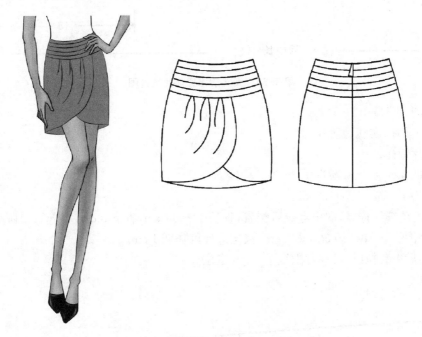

图 2-52　女式活褶裙款式图

款式特点:腰头车四道活褶线,前片上搭片,搭片上打三个活褶。款式见图 2-52。

制图步骤:

(一) 前片(图 2-53)

(1) 画摆围线、前中线。前裙长=后中长+1 =55 cm,画腰围线。

(2) 臀围线:腰围线下量 18 cm。

(3) 前 H:H/4=94/4=23.5 cm。

(4) 侧缝抬高 1 cm。

(5) 前 W:(W/4+省)+0.5=(70/4+3)+0.5=21 cm。

(6) 前摆:摆围/4=102/4=25.5 cm。

(7) 画侧缝线:腰围线与臀围线连线,分二等分,凸出 0.3~0.5 cm,然后画顺侧缝线。

(8) 画省道:找腰围线的中点,作腰围线的垂直线,省长 10~11 cm,叠起省道画顺腰围线。

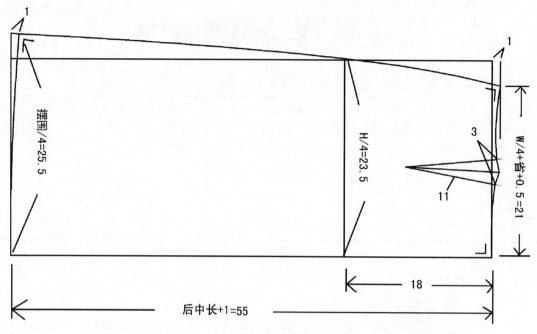

图 2-53　女式活褶裙前片结构图

（二）后片（图 2-54）

说明：虚线为前片，实线为后片。

（1）拷贝前片纸样。

（2）前中降低 0.5～1 cm，撇进 1 cm 为后中线。

（3）后 W：W/4＋省－0.5＝20 cm。

（4）后中线与侧缝线连线，取中点设后腰省，省长 11～12 cm，省宽 3 cm，叠起省道画顺后省围线。

（5）后衩：臀围线下 18～20 cm，宽 4 cm，衩位边处可降低 1 cm。

（6）拉链位：后中装拉链，可在臀围线下 2 cm 定位。

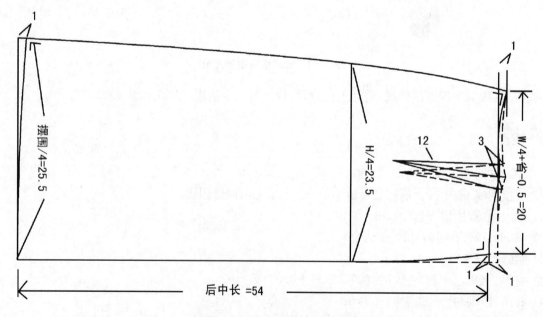

图 2-54　女式活褶裙后片结构图

（三）前片褶、腰头结构图（图 2-55）

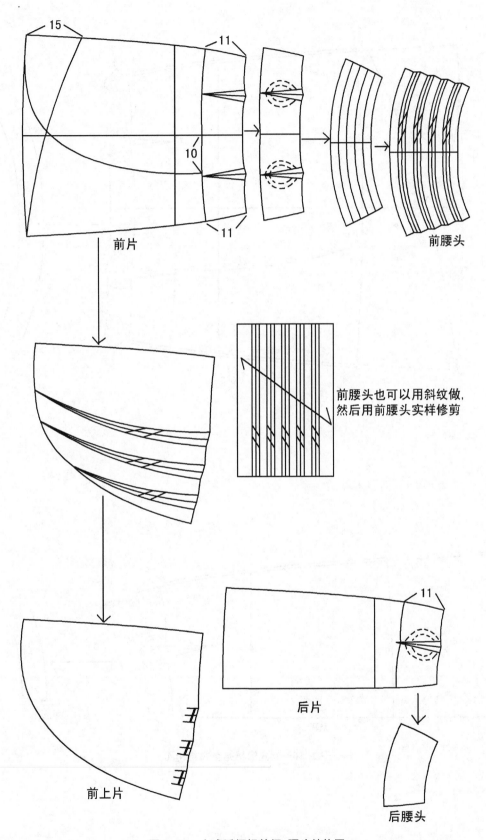

图 2-55　女式活褶裙的褶、腰头结构图

（四）里布结构图（图 2-56）

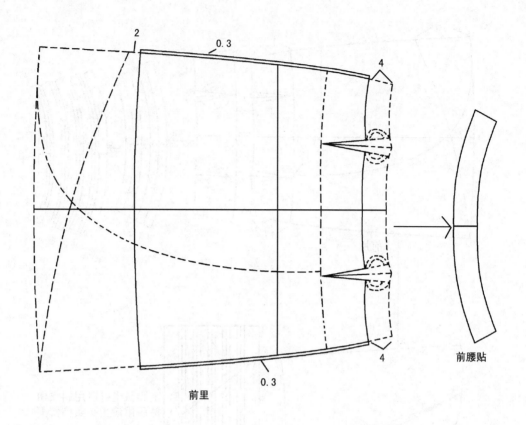

前里

前腰贴

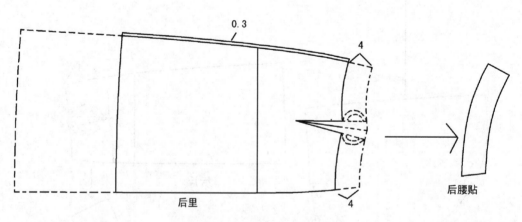

后里

后腰贴

图 2-56 女式活褶裙里布结构图

（五）面布、里布放缝份（图 2-57）

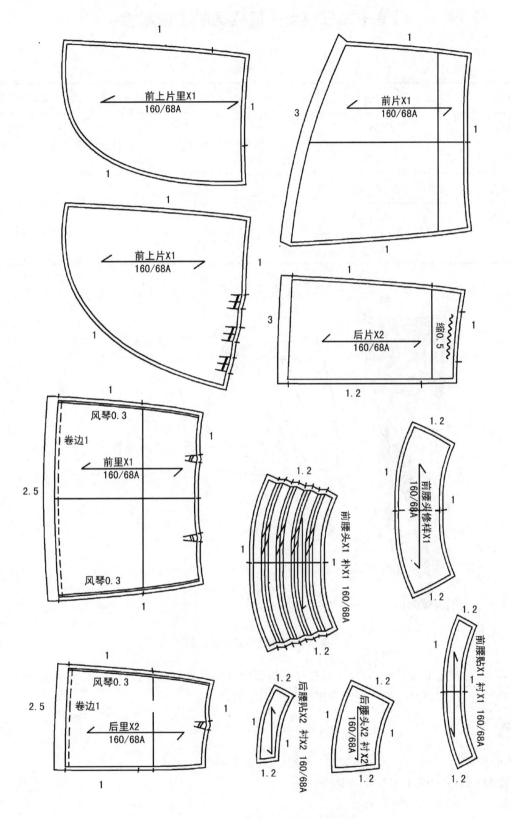

前上片里X1
160/68A

前片X1
160/68A

前上片X1
160/68A

后片X2
160/68A
缩0.5

风琴0.3
卷边1
前里X1
160/68A
风琴0.3

前腰头修样X1
160/68A

前腰头 衬X1 160/68A

风琴0.3
卷边1
后里X2
160/68A

前腰贴X1 衬X1 160/68A

后腰贴X2 衬X2 160/68A

后腰头X2 衬X2 160/68A

图 2-57　女式活褶裙面布、里布放缝份

第十二节　女式低腰裙的工业制板

客户：×××　　款号：L0010　　款式：女式无腰裙　　号型：160/68A

部位	度法	纸样尺寸(cm)	成品尺寸(cm)	成品尺寸(英寸)
裙长	连腰度	44	43.5	17″
腰围	沿边度	74	74	29-1/8″
臀围	腰下 18 cm 度	94	93	36-5/8″
摆围	直度	102	101	39-3/4″
腰头宽	直度	5	5	2″

图 2-58　女式低腰裙款式图

结构特点：如果是低腰设计，有尺寸可按尺寸进行设计。如果是纸样设计，可先出好基本型，然后设计离开腰位多少都可以，但是一般不低于腹围线。款式见图 2-58。

制图步骤：

（一）前片（图 2-59）

（1）前 H：H/4＝94/4＝23.5 cm。

（2）前 W：（W/4＋省）＝20 cm。

（3）前摆：摆围/4＝25.5 cm。

（4）剪去腰围上段，使腰围尺寸达到尺寸表腰围尺寸：W/4＝74/4＝18.5 cm。

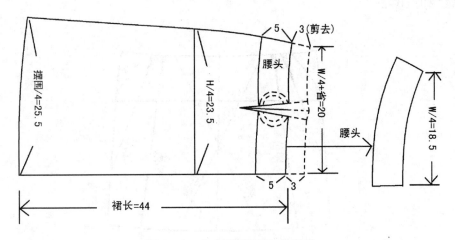

图 2-59 女式低腰裙前片结构图

（二）后片（图 2-60）

（1）后 H：H/4＝94/4＝23.5 cm。

（2）后 W：W/4＋省＝20 cm。

（3）后摆：摆围/4＝25.5 cm。

（4）剪去腰围上段，使腰围尺寸达到尺寸表腰围尺寸：W/4＝74/4＝18.5 cm。

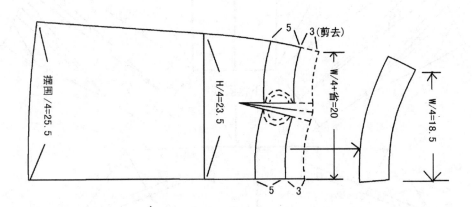

图 2-60 女式低腰裙后片结构图

（三）前袋结构图（图 2-61）

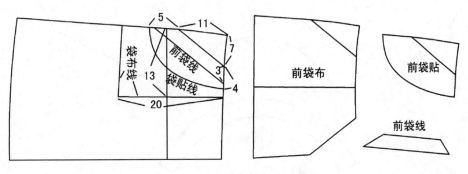

图 2-61 女式低腰裙前袋结构图

（四）前褶结构图（图 2-62）

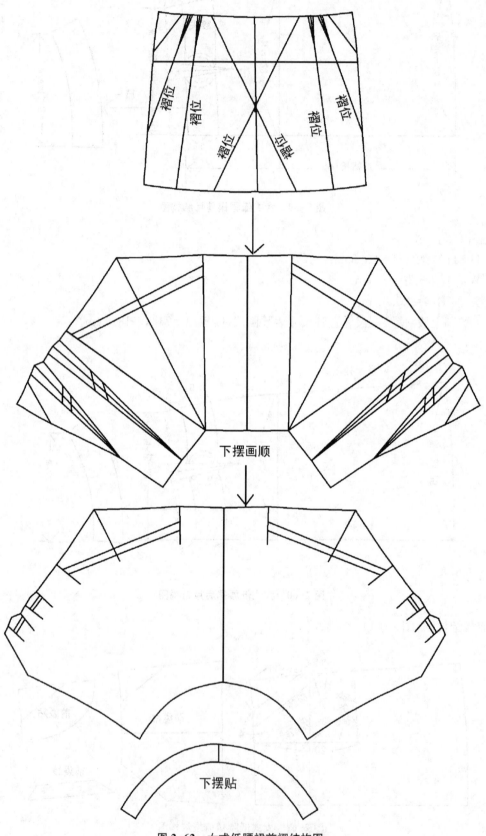

下摆画顺

下摆贴

图 2-62 女式低腰裙前褶结构图

（五）面布放缝份（图 2-63）

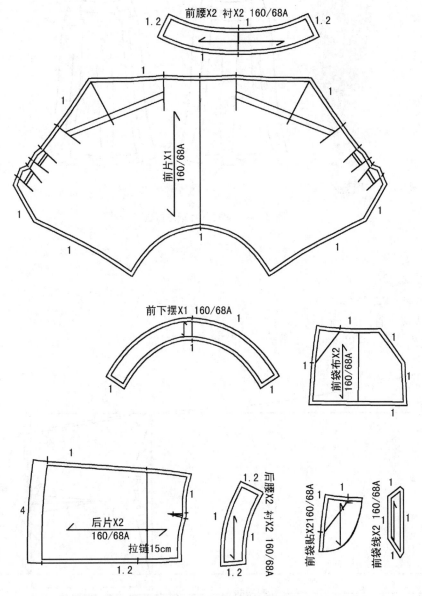

图 2-63　女式低腰裙放缝份

第十三节　女式八片裙的工业制板

客户：×××　　款号：L0012　　款式：女式无腰裙　　号型：160/66A

部位	度法	纸样尺寸(cm)	成品尺寸(cm)	成品尺寸(英寸)
裙长	连腰度	59	58	22-7/8″
腰围	沿边度	68	68	26-3/4″
臀围	腰顶下 18 cm 度	92	91	35-7/8″
腰头宽	直度	11	11	4-1/4″

图 2-64　女式八片裙款式图

制图步骤:

款式见图 2-64。

(一) 前片(图 2-65)

(1) 前 H: $H/4 = 92/4 = 23$ cm。

(2) 前 W: $W/4 + 省 = 20$ cm。

(3) 前摆:放出 6 cm,放得越多,摆围越大。

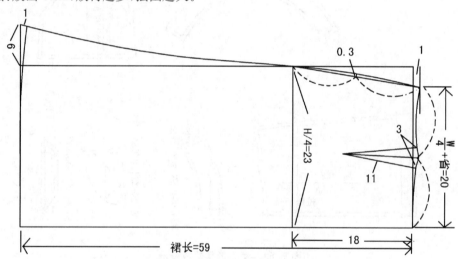

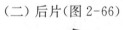

图 2-65　女式八片裙前片结构图

(二) 后片(图 2-66)

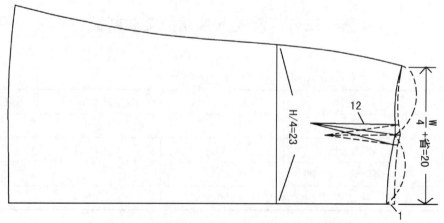

图 2-66　女式八片裙后片结构图

（1）复制前片纸样。

（2）后片：后中降低1 cm，找腰围线中点，作腰围线垂直线，后省长12 cm，叠起省道画顺后腰围线。

（三）八片裙结构设计

1. 方法一（图2-67-1）：

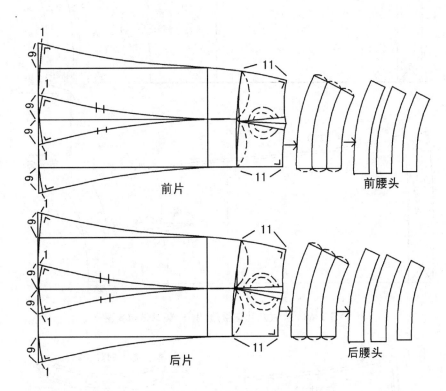

图2-67-1　女式八片裙结构图

2. 方法二（图2-67-2）

如果想做成每一片裙片都一样大，我们只出一片纸样就行了，这样简单、方便、快捷。

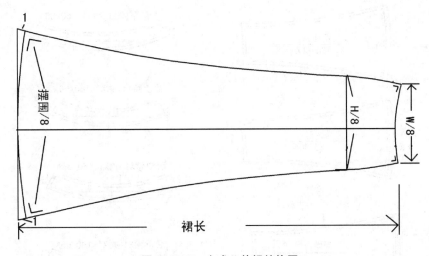

图2-67-2　女式八片裙结构图

（四）腰贴、里布、蝴蝶结结构图（图2-68）

（五）面布放缝份（图2-69）

（六）里布、腰贴缝份（图2-70）

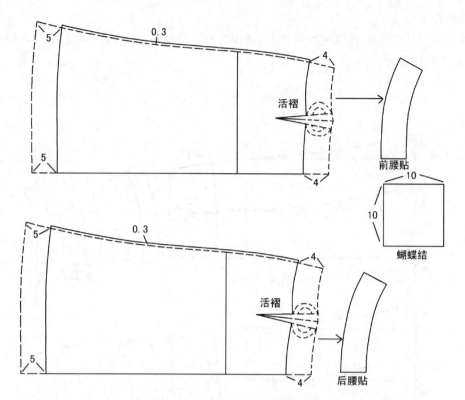

图 2-68　女式八片裙腰贴、里布、蝴蝶结结构图

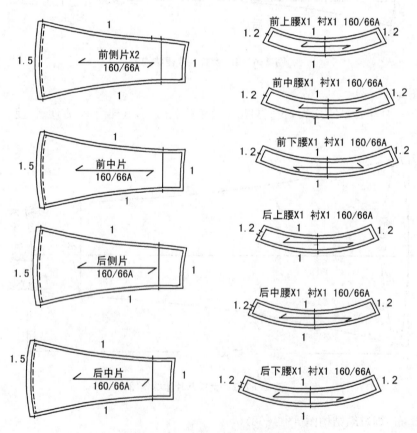

图 2-69　女式八片裙面布放缝份

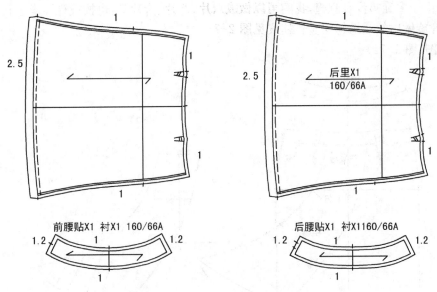

前腰贴X1 衬X1 160/66A　　　　　后腰贴X1 衬X1160/66A

图 2-70 女式八片裙里布放缝份

第十四节　女式螺旋裙的工业制板

客户:CK　　款号:L0013　　款式:女式无腰裙　　号型:160/68A

部位	度法	纸样尺寸(cm)	成品尺寸(cm)	成品尺寸(英寸)
裙长	连腰度	59	58	22-3/4″
腰围	沿边度	68	68	26-3/4″
臀围	腰顶下 18 cm 度	92	91	35-7/8″
腰头宽	直度	4	4	1-1/2″

图 2-71 女式螺旋裙款式图

结构特点:由于螺旋裙没有侧缝,我们可以做成六片、八片、十片等,可按设计要求进行设计,在结构的处理上弧度越螺旋做出的效果越明显。款式见图 2-71。

(一)结构图(图 2-72)

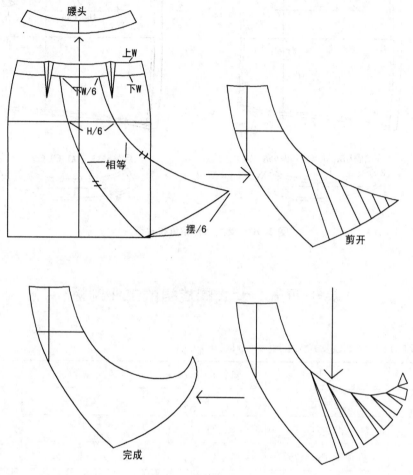

图 2-72　女式螺旋裙结构图

(二)里布结构图(图 2-73)

虚线为前片,实线为里布。

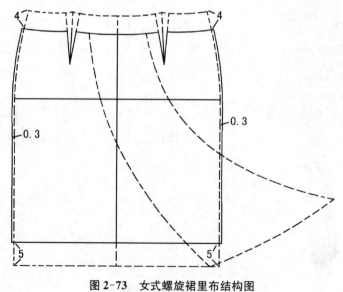

图 2-73　女式螺旋裙里布结构图

（三）面布放缝份（图 2-74）

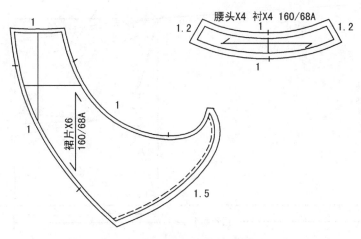

图 2-74　女式螺旋裙面布放缝份

第十五节　女式碎褶裙的工业制板

客户：×××　　款号：L0014　　款式：女式无腰裙　　号型：160/68A

部位	度法	纸样尺寸（cm）	成品尺寸（cm）	成品尺寸（英寸）
裙长	前中度	44	43.5	17-1/8″
腰围	沿边度	68	68	26-3/4″
臀围	腰顶下 18 cm 度	92	91	35-7/8″
摆围	松度	100	99	39″

图 2-75　女式碎褶裙款式图

制图步骤：

款式见图 2-75。

（一）前片（图 2-76）

(1) 前 H：$H/4=92/4=23$ cm。

(2) 前 W：$W/4+$省$=68/4+3=20$ cm。

(3) 前摆：摆围$/4=100/4=25$ cm。

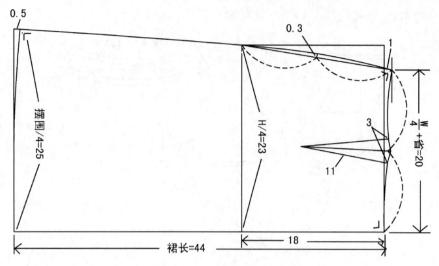

图 2-76　女式碎褶裙前片结构图

（二）后片（图 2-77）

（1）后 H：H/4＝93/4＝23 cm。

（2）后 W：W/4＋省＝68/4＋3＝20 cm。

（3）后摆：摆围/4＝100/4＝25 cm。

（三）碎褶结构图（图 2-78）

（四）里布结构图（图 2-79）

实线为里布，虚线为面布。

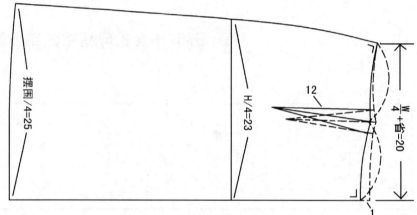

图 2-77　女式碎褶裙后片结构图

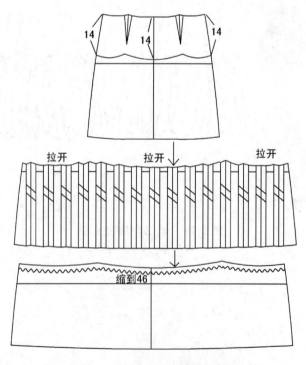

图 2-78　女式碎褶裙碎褶结构图

由于面布下摆要用里布吊起，所以里布比面布短 10 cm，这样才能达到效果。

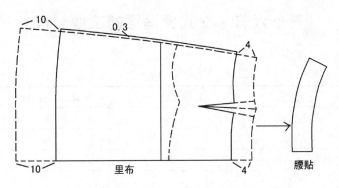

图 2-79　女式碎褶裙里布结构图

（五）面布、里布放缝份（图 2-80）

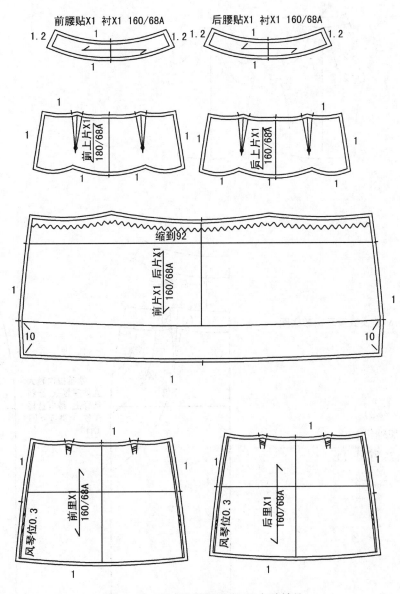

图 2-80　女式碎褶裙面布、里布放缝份

客户:CK　　款号:L0015　　款式:女式罗马裙　　号型:160/68A

部位	度法	纸样尺寸(cm)	成品尺寸(cm)	成品尺寸(英寸)
裙长	连腰度	59	58	22-7/8″
腰围	直度	68	68	26-3/4″
臀围	腰下18cm度	92	91	35-3/4″
摆围	直度			
腰头宽	直度	4	4	1-1/2″

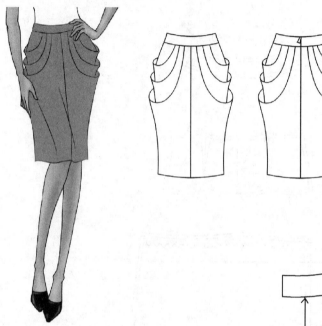

图 2-81　女式罗马裙款式图

制图步骤:

款式见图 2-81。

(一) 褶位(图 2-82)

(1) 复制前后基础纸样。

(2) 设计好褶位,省道可设
在第一个褶位处(图 2-82)。

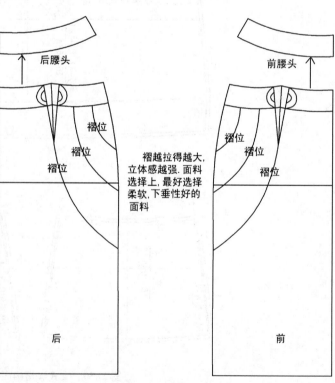

后腰头　　　前腰头

褶位

褶越拉得越大,
立体感越强.面料
选择上,最好选择
柔软,下垂性好的
面料

后　　　前

图 2-82　女式罗马裙褶位结构图

（二）褶皱的处理方法(图 2-83)

（三）面布、里布放缝份(图 2-84)

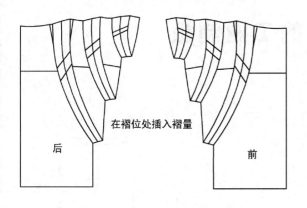

在褶位处插入褶量

后　　　　前

前后侧缝合拼

后　　　　前

图 2-83　女式罗马裙褶结构图

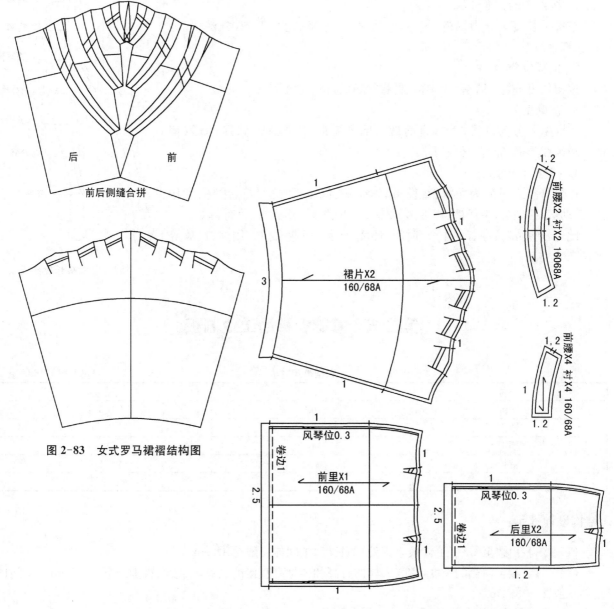

图 2-84　女式罗马裙面布、里布放缝份

第三章　女裤装的工业制板

第一节　裤装基础知识

裤装的分类

1. 按裤子的长度分(图 3-1)

按裤子长度可分为热裤、超短裤、短裤、膝短裤、七分裤、八分裤、九分裤、长裤。

2. 按腰位分

按腰位可分为装腰裤、无腰裤、低腰裤、高腰裤、连腰裤。

3. 按廓型分

按廓型可分为直线裤形(直筒裤)、倒梯裤形(锥形裤)、账篷裤形(喇裤)、纺锤线形(灯笼裤、马裤)。

4. 按穿着场合分

按穿着场合可分为西裤、直筒裤、休闲裤、低腰裤、灯笼裤、裙裤、工作裤、运动裤、猎装裤、牛仔裤、背带裤、便裤、睡裤、短裤、连衣裤、吊带裤等。

此外,还可以按穿着的季节、时间、环境、年龄、职业、材料、用途、民族等因素来分类。

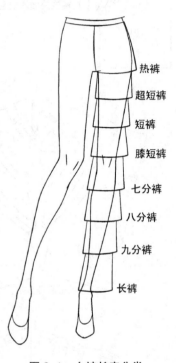

图 3-1　女裤长度分类

热裤
超短裤
短裤
膝短裤
七分裤
八分裤
九分裤
长裤

第二节　基础女裤的工业制板

原型裤尺寸表　　　　　　　　　　　　　　　号型　160/68A

部位	cm	英寸
腰围	68	26-3/4″
臀围	94	37″
摆围	44	17-1/4″
裤长	102	40-1/4″
腰头宽	4	1-1/2″

结构设计提示:

(1) 臀高:由腰至臀线(下体最丰满处)的长度,中间体一般是 18 cm。

(2) 立裆:腰至横裆的长度,它与人体的身高和体型有直接的关系,一般在臀围线下 7~8 cm。中间体立裆一般 24~26 cm。

(3) 臀到腰的外侧臀势:根据人体侧缝至腰差角度来算,A 体型约 8°左右,一般为 2~2.5 cm。

(4) 前中劈势:根据腹腰差角度作劈势,由于腰至腹的倾角 3°~5°,因此,劈势一般控制在 1~2 cm。

（5）女裤部位名称（图3-2）

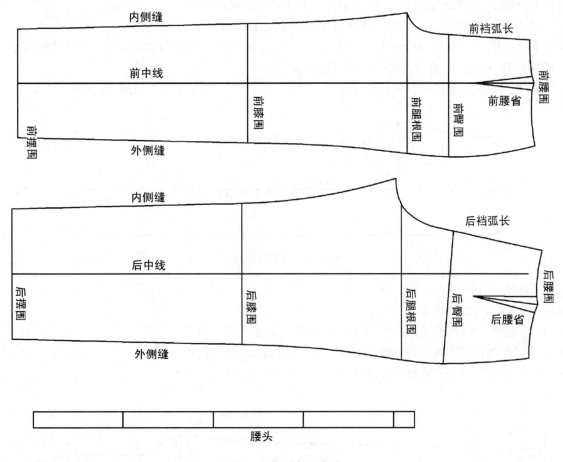

内侧缝

前中线

前档弧长

前腰围

前膝围

前腿根围

前臀围

前腰省

前摆围

外侧缝

内侧缝

后中线

后档弧长

后腰围

后摆围

后膝围

后腿根围

后臀围

后腰省

外侧缝

腰头

图3-2　女裤部位名称

制图步骤：

（一）前片（图3-3-1）

（1）作一条直线为侧缝的辅助线，然后画摆围线、腰围线。前长＝总长－腰头＝102－4＝98 cm。

（2）画立档线：H/4＋（0～1），普通西裤立档深 24.5 cm，一般在 24～26 cm。

（3）臀围线：立档线上 8 cm，或立档线分三等分。

（4）前 H：H/4－1＝94/4－1＝22.5 cm。

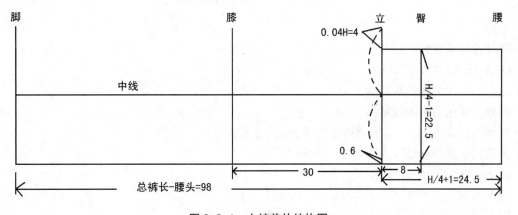

脚　　　　　　　　　膝　　　　　　　立　臀　　　腰

0.04H=4

中线

H/4-1=22.5

0.6

30　　　　8

总裤长-腰头=98

H/4+1=24.5

图3-3-1　女裤前片结构图

(5) 前小裆:(H/20-1)或 0.04H,女裤前小裆范围 3~4 cm。本款用 4 cm。

(6) 裤中线:立裆侧缝撇进 0.6 cm 之后再和前小裆取中点画裤中线。

(7) 膝围线:立裆线下 30 cm 或摆围线与臀围线取中上 4 cm。

(8) 前 W:W/4+省=68/4+2.5=19.5 cm。然后根据臀围与腰围的差数来分配腰围,前中撇进 1 cm,侧缝撇进 2 cm。前中最大撇 2 cm,侧缝最大撇 2.5 cm。

(9) 画顺前裆线。臀围线与立裆线连线,作垂直线分三等分,经过第一等份画顺前裆线(图 3-3-2)。

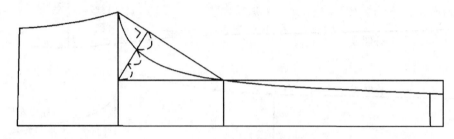

图 3-3-2 前裆结构图

(10) 前摆:〔(44~4)〕/4=10 cm。

(11) 前膝:每边比摆围多 0.5~1 cm。

(12) 内侧缝:膝围线与立裆线连线,找中点,进 0.5 cm 画顺内侧缝。

(13) 外侧缝:从腰围线经臀围线顺画外侧缝线,臀围线上下 2 cm 可画平些。

(14) 画腰围线:叠起省道画顺腰围线,前中、侧缝成直角(图 3-3-3)。

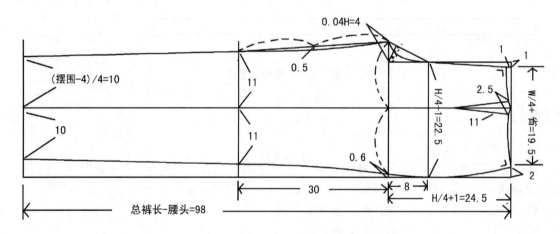

图 3-3-3 女式基础纸样结构图

(二) 后片

(1) 拷贝前片轮廓线。

(2) 摆围、膝围每边加 2 cm。

(3) 后立裆线比前立裆线降低 1 cm。

(4) 后臀围线比前臀围线抬高 2 cm。

(5) 臀围线侧缝放出 3 cm,做臀围线的垂直线,与腰位等高。

(6) 后腰比前腰(基础线)高 2.5(2~3)cm。

(7) 后 H:H/4+1=24.5 cm。

(8) 后 W:W/4+省=68/4+3=20 cm,从侧缝进 1 cm 开始斜量。

(9) 后大裆:0.1H-(1~2)=7.4 cm(图 3-4-1)。

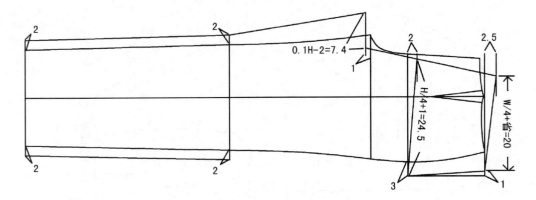

图 3-4-1　女裤基础纸样后片结构图

（10）画后内侧缝：后立裆线与膝围线连线，找中点，画进 1 cm。

（11）画顺外侧缝线。

（12）画后裆，后裆线离裆底角平分线距离 2.5 cm 左右，后裆斜线角女性一般控制在 9°～15°，数值比为 15：（2～4）cm（图 3-4-2）。

（13）画后腰省：找腰围线中点，作腰围线垂直线，省长 12 cm，省宽 3 cm，叠起省道画顺腰围线，后中、侧缝成直角（图 3-4-3）。

（三）腰头（图 3-5）

（四）纸样检查（图 3-6）

注意：纸样出好之后，要做以下部位的检查：

（1）检查纸样尺寸是否准确。

（2）前后裆合起来，前后裆底圆顺。

（3）前后腰围侧缝相拼，腰围圆顺。

（4）省道合起来，腰围圆顺。

（5）前中、后中圆顺。

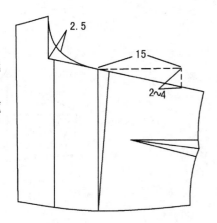

图 3-4-2　女裤后裆结构图

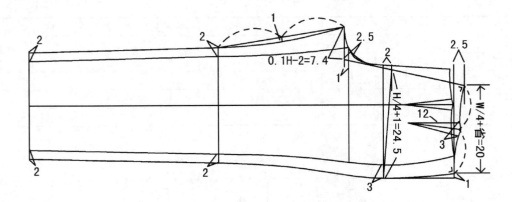

图 3-4-3　女裤后片结构图

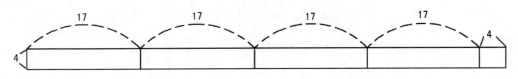

图 3-5　女裤腰头结构图

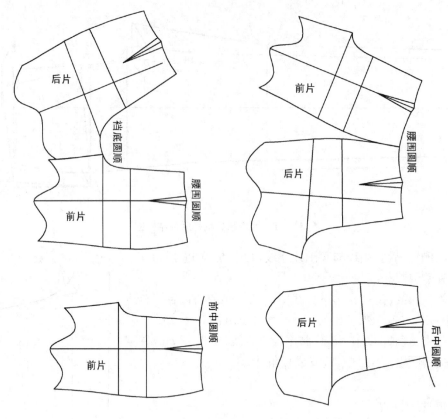

图 3-6 女裤纸样检查

第三节 女式西裤的工业制板

客户:×××   款号:L011   款式:女式西裤   号型:160/68A

部位	度法	纸样尺寸(cm)	成品尺寸(cm)	成品尺寸(英寸)
裤长	连腰度	103	102	40-1/4″
腰围	沿边度	68	68	26-3/4″
臀围	腰下 16.5 cm 度	94	93	36-5/8″
摆围	直度	44	44	17-1/4″
腰头宽	直度	4	4	1-1/2″

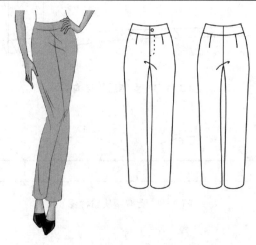

图 3-7 女式西裤款式图

结构设计提示：

(1) 前后裆合并要圆顺。

(2) 前后腰头侧缝合并要圆顺。

(3) 前中、后中合并要圆顺。

(4) 省道合并要圆顺。

(5) 放松量：

① W＝净 W＋松量(0～2)cm。

② H＝净 H＋松量(贴体：＋2～6 cm；合体：＋6～14 cm；宽松：＋14 cm 以上；弹力面料：－0～－4 cm)。

制图步骤：

款式见图 3-7。

(一) 前片(图 3-8)

(1) 作一条直线为侧缝的辅助线，然后画摆围线、腰围线。前长＝总裤长＝103 cm。

(2) 画立裆线：H/4＋(0～1)，普通西裤立裆深 24.5 cm(24～26)。

(3) 臀围线：立裆线上 8 cm，或立裆线分三等分。

(4) 前 H：H/4－1＝94/4－1＝22.5 cm。

(5) 前小裆：(H/20－1)或 0.04H，女裤前小裆范围 3～4 cm。

(6) 裤中线：立裆侧缝撇进 0.6 cm 之后再和前小裆取中点画裤中线。

(7) 膝围线：立裆线下 30 cm 或摆围线与臀围线取中上 4 cm。

(8) 前腰围：W/4＋省＝68/4＋2.5＝19.5 cm。然后根据臀围与腰围的差数来分配腰围，前中撇进 1 cm，侧缝撇进 2 cm。前中最大撇 2 cm，侧缝最大撇 2.5 cm。

(9) 画顺前裆线。臀围线与立裆线连线，作垂直线分三等分，经过第一等份画顺前裆线。

(10) 前摆：(44－4)/4＝10 cm。

(11) 前膝：每边比摆围多 0.5～1 cm。

(12) 内侧缝：膝围线与立裆线连线，找中点，进 0.5 cm 画顺内侧缝。

(13) 外侧缝：从腰围线经臀围线画顺外侧缝线，臀围线上下 2 cm 可画平些。

(14) 画腰围线：叠起省道画顺腰围线，前中、侧缝成直角。

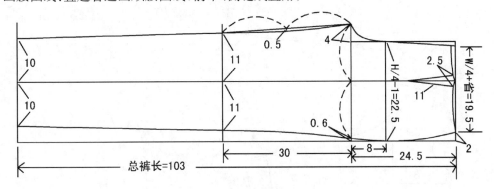

图 3-8　女式西裤前片结构图

(二) 后片(图 3-9)

(1) 拷贝前片轮廓线。

(2) 摆围、膝围每边加 2 cm。

(3) 后立裆线比前立裆线降低 1 cm。

(4) 后臀围线比前臀围线抬高 2 cm。

（5）臀围线侧缝放出 3 cm，做臀围线的垂直线，与腰位等高。

（6）后腰比前腰（基础线）高 2.5(2~3)cm。

（7）后 H：H/4+1=24.5 cm。

（8）后 W：W/4+省=68/4+3=20 cm，从侧缝进 1 cm 开始斜量。

（9）后大裆：0.1H-(1~2)=7.4 cm。

（10）画后内侧缝：后立裆线与膝围线连线，找中点，画进 1 cm。

（11）画顺外侧缝线。

（12）画后省腰省：找腰围线中点，作腰围线垂直线，省长 12 cm，省宽 3 cm，叠起省道画顺腰围线，后中，侧缝成直角。

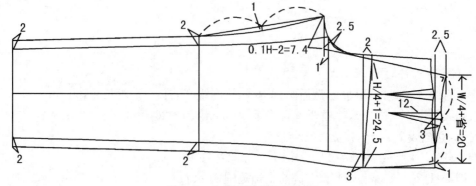

图 3-9　女式西裤后片结构图

（三）腰头、门襟结构图（图 3-10）

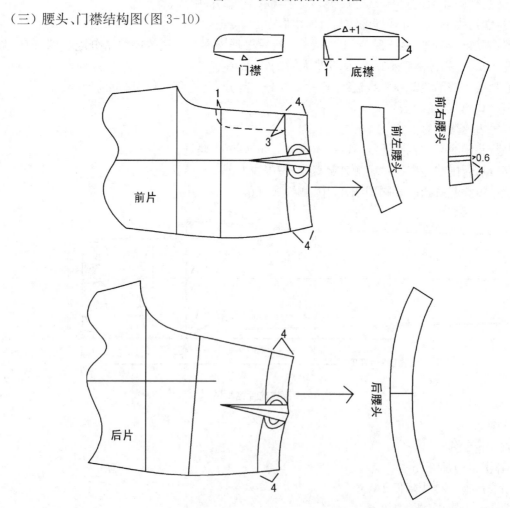

图 3-10　女式西裤腰头、门襟结构图

（四）放缝份（图 3-11）

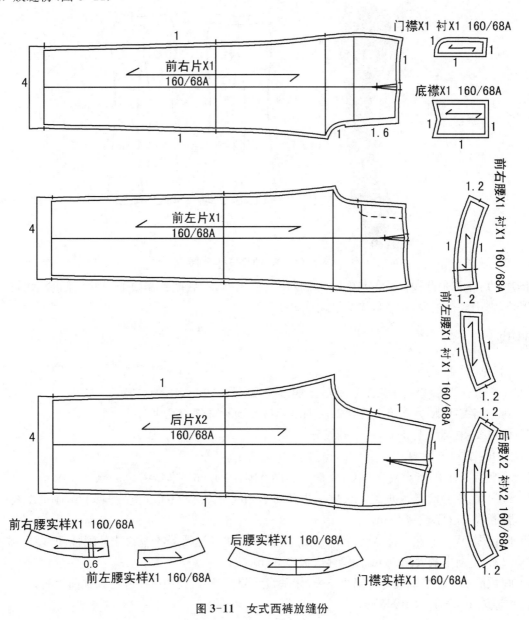

图 3-11　女式西裤放缝份

第四节　女式低腰裤的工业制板

客户：×××　　款号：L012　　款式：女式西裤　　号型：160/68A

部位	度法	纸样尺寸(cm)	成品尺寸(cm)	成品尺寸(英寸)
裤长	连腰度	99	98	38-5/8″
腰围	沿边度	76	76	30
臀围	档上 9 cm 度	92	91	35-3/4″
膝围	档下 30 cm 度	38	37	14-1/2
摆围	直度	42	42	16-1/2″
腰头宽	直度	4	4	1-1/2″

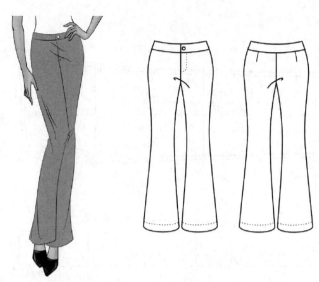

图 3-12　女式低腰裤款式图

结构特点:本款是低腰裤,可以按正常的腰位进行出样,然后截到需要的尺寸。低腰裤的特点:立裆短,下裆长,臀围放松量少,紧身贴体。款式见图 3-12。

制图步骤:

(一) 前片(图 3-13)

(1) 作一条直线为侧缝的辅助线,然后画摆边线,画腰围线。前长=总裤长=103 cm。

(2) 画立裆线:中腰裤立裆一般取 24.5 cm,然后截到所需要的尺寸。

(3) 臀围线:立裆线上 8 cm,或立裆线分三等分。

(4) 前 H:$H/4-1=92/4-1=22$ cm。

(5) 前小裆:$(H/20-1)$ 或 0.04H,女裤前小裆范围 3～4 cm。本款用 3.5 cm。

(6) 裤中线:立裆侧缝撇进 0.6 cm 之后再和前小裆取中点,然后可往侧缝偏 1 cm,画裤中线。

(7) 膝围线:立裆线下 30 cm。

(8) 前腰围:$W/4+$省$=68/4+2=19$ cm。然后根据臀围与腰围的差数来分配腰围,前中撇进 1 cm,侧缝撇进 2 cm。前中最大撇 2 cm,侧缝最大撇 2.5 cm。

(9) 画顺前裆线。臀围线与立裆线连线,作垂直线分三等分,经过第一等份画顺前裆线。

(10) 前摆:$(42-4)/4=9.5$ cm。

(11) 前膝:$(38-4)/4=8.5$ cm。

(12) 内侧缝:膝围线与立裆线连线,找中点,进 1 cm 画顺内侧缝。

(13) 外侧缝:从腰围线经臀围线画顺外侧缝线,臀围线上下 2 cm 可画平些。

(14) 画腰围线:叠起省道画顺腰围线,前中、侧缝成直角。

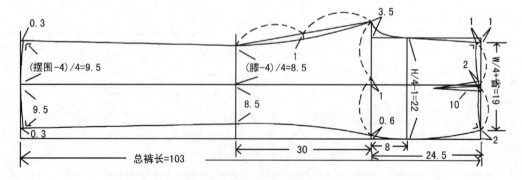

图 3-13　女式低腰裤前片结构图

（二）后片（图 3-14）

（1）拷贝前片轮廓线。

（2）摆围、膝围每边加 2 cm。

（3）后立裆线比前立裆线降低 1 cm。

（4）后臀围线比前臀围线抬高 2 cm。

（5）臀围线侧缝放出 3 cm，做臀围线的垂直线，与腰位等高。

（6）后腰比前腰（基础线）高 2.5(2～3)cm。

（7）后 H：H/4+1＝92/4＝24 cm。

（8）后 W：W/4+省＝68/4+3＝20 cm，从侧缝进 1 cm 开始斜量。

（9）后大裆：0.1H－(1～2)＝7.2 cm。

（10）画后内侧缝：后立裆线与膝围线连线，找中点，画进 1.5 cm。

（11）画顺外侧缝线。

（12）画后腰省：找腰围线中点，作腰围线垂直线，省长 12 cm，省宽 3 cm，叠起省道画顺腰围线，后中、侧缝成直角。

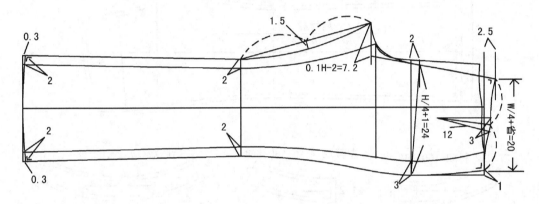

图 3-14 女式低腰裤后片结构图

（三）腰头、门襟结构图（图 3-15）

出样时，立裆线 24.5 cm 是属于中腰设计，当做低腰裤时，要从腰头部剪去一部分，想低腰多些，就剪去多些，依客户要求来定，最多剪去 8 cm，否则裤子会太低腰，容易脱落。如果客户有规定腰围尺寸，低腰到要求的腰围尺寸即可。

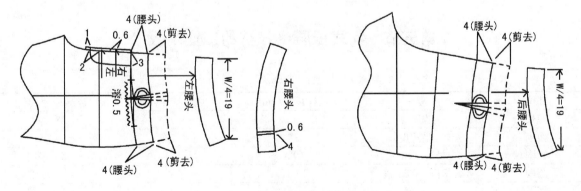

图 3-15 女式低腰裤腰头、门襟结构图

（四）缝份（图 3-16）

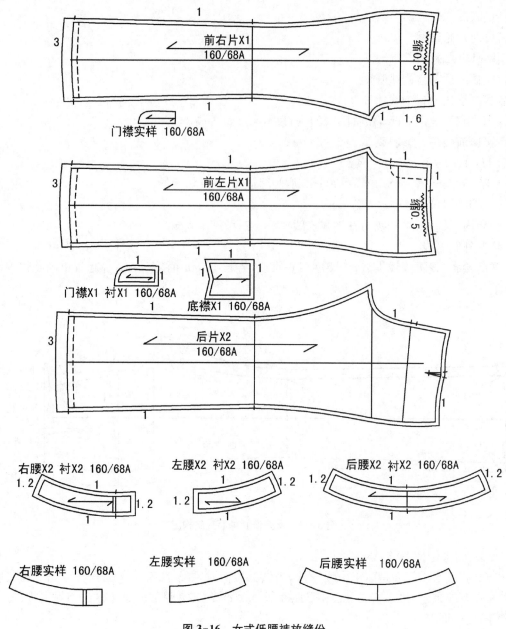

图 3-16 女式低腰裤放缝份

第五节 女式低腰牛仔裤的工业制板

客户:×××   款号:L012   款式:女式西裤   号型:160/68A

部位	度法	纸样尺寸(cm)	成品尺寸(cm)	成品尺寸(英寸)
裤长	连腰度	98	97	38-1/4″
腰围	沿边度	76	76	30
臀围	裆上9cm度	92	91	35-3/4″
膝围	裆下30cm度	38	37	14-1/2
摆围	直度	36	36	14-1/4″
腰头宽	直度	4	4	1-1/2″
前袋	(宽×长)	11×7	11×7	4-3/8″×2-3/4″
后袋	(宽×长)	13×15	13×15	5-1/8″×5-7/8″

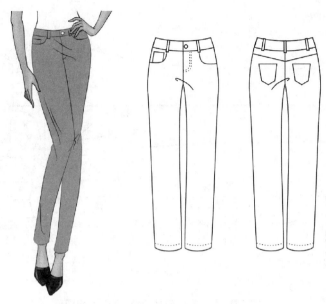

图 3-17　女式牛仔裤款式图

制图步骤：

款式见图 3-17。

（一）前片（图 3-18）

（1）作一条直线为侧缝的辅助线，然后画摆围线、腰围线。

（2）画立裆线：中腰裤立裆一般取 24.5 cm，然后截到所需要的尺寸。

（3）臀围线：立裆线上 8 cm，或立裆线分三等分。

（4）前 H：H/4－1＝92/4－1＝22 cm。

（5）前小裆：(H/20－1)或 0.04H，女裤前小裆范围 3～4 cm。本款用 3.5 cm。

（6）裤中线：立裆侧缝撇进 0.6 cm 之后再和前小裆取中点，然后可往侧缝偏 1 cm，画裤中线。

（7）膝围线：立裆线下 30 cm。

（8）前腰围：W/4＋省＝68/4＋2＝19 cm。然后根据臀围与腰围的差数来分配腰围，前中撇进 1 cm，侧缝撇进 2 cm。前中最大撇 2 cm，侧缝最大撇 2.5 cm。

（9）画顺前裆线。臀围线与立裆线连线，作垂直线分三等分，经过第一等份画顺前裆线。

（10）前摆：(36－4)/4＝8 cm。

（11）前膝：(38－4)/4＝8.5 cm。

（12）内侧缝：膝围线与立裆线连线，找中点，进 1 cm 画顺内侧缝。

（13）外侧缝：从腰围线经臀围线顺画外侧缝线，臀围线上下 2 cm 可画平些。

（14）画腰围线：叠起省道画顺腰围线，前中、侧缝成直角。

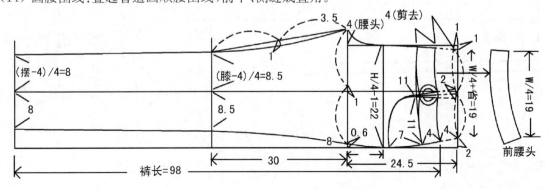

图 3-18　女式牛仔裤前片结构图

(二) 前袋、门襟结构图(图3-19)

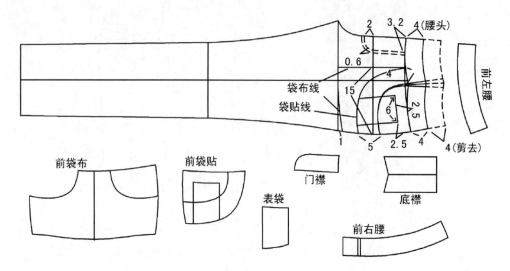

图 3-19　女式牛仔裤前袋、门襟结构图

(三) 后片(图 3-20)

(1) 拷贝前片轮廓线。

(2) 摆围、膝围每边加 2 cm。

(3) 后立裆线比前立裆线降低 1 cm。

(4) 后臀围线比前臀围线抬高 2 cm。

(5) 臀围线侧缝放出 3 cm,做臀围线的垂直线,与腰位等高。

(6) 后腰比前腰(基础线)高 2.5(2～3)cm。

(7) 后 H:H/4+1=92/4=24 cm。

(8) 后 W:W/4+省=68/4+3=20 cm,从侧缝进 1 cm 开始斜量。

(9) 后大裆:0.1H-(1～2)=7.2 cm。

(10) 画后内侧缝:后立裆线与膝围线连线,找中点,画进 1.5 cm。

(11) 画顺外侧缝线。

(12) 画后省腰省:找腰围线中点,作腰围线垂直线,省长 12 cm,省宽 3 cm,叠起省道画顺腰围线,后中,侧缝成直角。

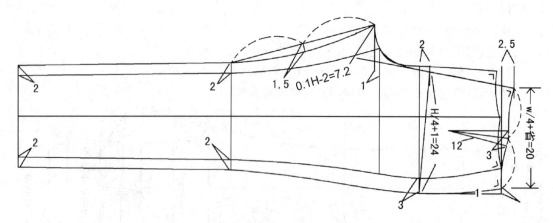

图 3-20　女式牛仔裤后片结构图

(四) 后育克头、后袋结构图(图 3-21)

(五) 缝份(图 3-22)

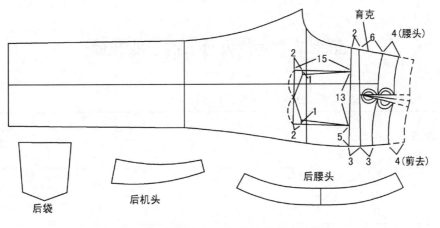

育克

2 6 4(腰头)

2

15

1

13

1

2

5

3 3 4(剪去)

后袋

后机头

后腰头

图 3-21 女式牛仔裤后育克、后袋结构图

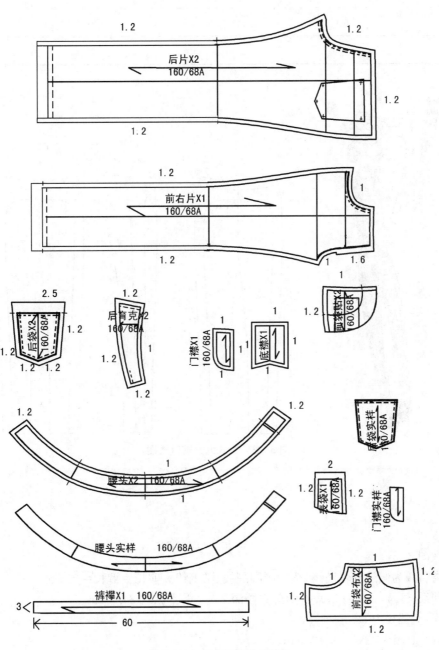

1.2

1.2

后片X2
160/68A

1.2

1.2

1.2

前右片X1
160/68A

1.2

1

1

1.6

1

2.5

1.2

后袋X2
160/68A

1.2

1.2

1.2

后育克X2
160/68A

1

1.2

1.2

门襟X1
160/68A

1

1

1

1

底襟X1

1

1

1.2

侧袋贴X2
160/68A

1.2

1

1.2

后袋实样
160/68A

1.2

表袋X1
160/68A

2

1.2

门襟实样
160/68A

1.2

腰头X2 160/68A

1

1

1.2

腰头实样 160/68A

1

1

1.2

前袋布X2
160/68A

1.2

1.2

3

裤襻X1 160/68A

60

图 3-22 女式牛仔裤放缝份

第六节 女式九分裤的工业制板

客户:XXX   款号:L071   款式:女式九分裤   号型:160/68A

部位	度法	纸样尺寸(cm)	成品尺寸(cm)	成品尺寸(英寸)
裤长	连腰度	91	90	35-3/8″
腰围	沿边度	68	68	26-3/4″
臀围	腰下16.5 cm度	92	91	36-1/4″
膝围	裆下30 cm度	34	33	13″
摆围	直度	30	30	11-7/8″
腰头		4	4	1-1/2″

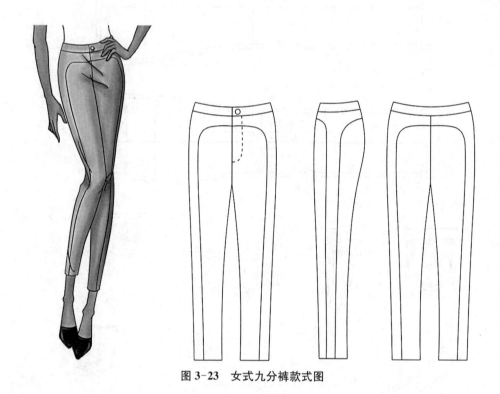

图3-23 女式九分裤款式图

制图步骤:

款式见图3-23。

(一)前片(图3-24)

(1)作一条直线为侧缝的辅助线,然后画脚围线、腰围线。前长=裤长=91 cm。

(2)画立裆线:H/4+(0~1),普通西裤立裆深24~26,本款取24.5 cm。

(3)臀围线:立裆线上8 cm。

(4)前H:H/4-1=92/4-1=22 cm。

（5）前小裆：$(H/20-1)$或$0.04H$，女裤前小裆一般取值范围$3\sim4$ cm。

（6）裤中线：立裆侧缝撇进0.6 cm之后再和前小裆取中点，然后偏侧缝1 cm画裤中线。

（7）膝围线：$(膝围-4)/4=(34-4)/4=7.5$ cm。

（8）前腰围：$W/4+省=68/4+2=19$ cm。然后根据臀围与腰围的差数来分配腰围，前中撇进1 cm，侧缝撇进2 cm。前中最大撇2 cm，侧缝最大撇2.5 cm。

（9）画顺前裆线。臀围线与立裆线连线，作垂直线分三等分，经过第一等份画顺前裆线。

（10）前摆：$\{30-(2\sim4)\}/4=6.5$ cm。

（11）内侧缝：膝围线与立裆线连线，找中点，进1 cm画顺内侧缝。

（12）外侧缝：从腰围线经臀围线顺画外侧缝线，臀围线上下2 cm可画平些。

（13）画腰围线：叠起省道画顺腰围线，前中、侧缝成直角。

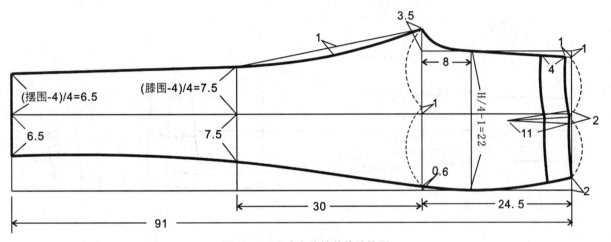

图3-24 女式九分裤前片结构图

（二）后片（图3-25）

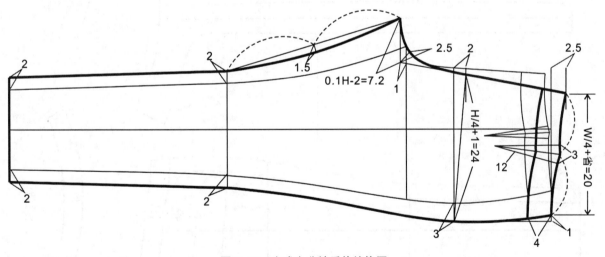

图3-25 女式九分裤后片结构图

（1）拷贝前片轮廓线。

（2）脚围、膝围每边加2 cm。

（3）后立裆线比前立裆线降低1 cm。

（4）后臀围线比前臀围线抬高2 cm。

（5）臀围线侧缝放出3 cm，作臀围线的垂直线，与腰位等高。

（6）后腰比前腰（基础线）高 2.5 cm，一般取值范围 2～3 cm。

（7）后 H：H/4＋1＝92/4＋1＝24 cm。

（8）后 W：W/4＋省＝68/4＋3＝20 cm，从侧缝进 1 cm 开始斜量。

（9）后大裆：0.1H－(1～2)＝7.2 cm。

（10）画后内侧缝：后立裆线与膝围线连线，找中点，画进 1 cm。

（11）画顺外侧缝线。

（12）画后腰省：找腰围线中点，作腰围线垂直线，省长 12 cm，省宽 3 cm，叠起省道画顺腰围线，后中、侧缝成直角。

（三）侧缝、腰头、门襟结构图（图 3-26）

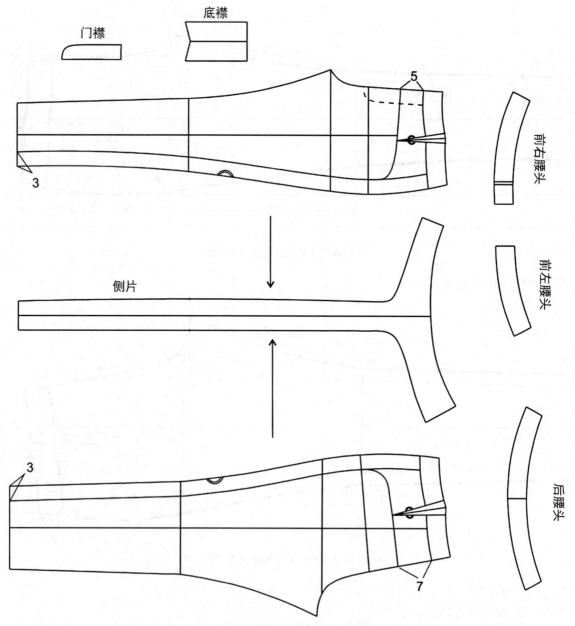

图 3-26　女式九分裤侧缝襟、腰头、门襟结构图

（四）放缝份（图 3-27）

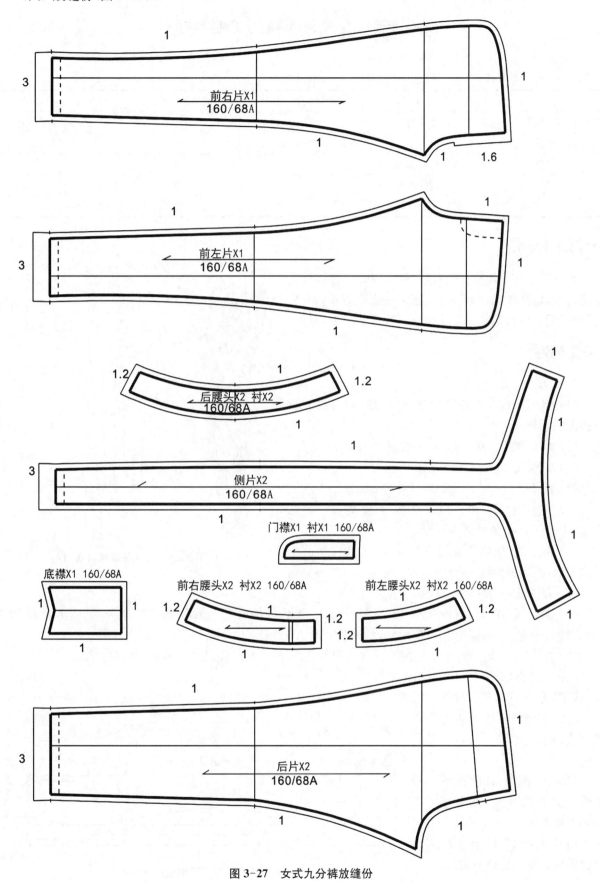

前右片X1
160/68A

前左片X1
160/68A

后腰头X2 衬X2
160/68A

侧片X2
160/68A

门襟X1 衬X1 160/68A

底襟X1 160/68A

前右腰头X2 衬X2 160/68A

前左腰头X2 衬X2 160/68A

后片X2
160/68A

图 3-27　女式九分裤放缝份

第七节 女式无腰裤的工业制板

客户:×××　　款号:D012　　款式:女式无腰裤　　号型:160/66A

部位	度法	纸样尺寸(cm)	成品尺寸(cm)	成品尺寸(英寸)
裤长	腰顶度	91	90	35-1/2″
腰围	沿边度	66	66	26″
臀围	裆上9cm度	88	87	34-1/4″
摆围	直度	28	28	11″
膝围	裆下30cm度	34	33	13″

结构设计提示:

紧身裤是细窄而修身的裤型,臀围、腿围、膝围放松量比较小,以贴体轮廓为特征。面料一般采用弹力面料为最好,适于身材苗条的女性穿着。款式见图3-28。

制图步骤:

(一)前片(图3-29)

(1)作一条直线为侧缝的辅助线,然后画摆围线,画腰围线。裤长=91cm。

(2)画立裆线:中腰裤立裆一般取24.5cm。

(3)臀围线:立裆线上8cm。

(4)前H:H/4-1=88/4-1=21cm。

(5)前小裆:(H/20-1)或0.04H,女裤前小裆范围3~4cm。本款紧身裤用3cm。

(6)裤中线:立裆侧缝撇进0.6cm之后再和前小裆取中点,然后偏侧缝1cm。

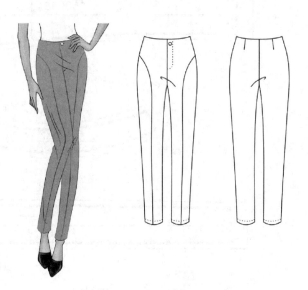

图3-28　女式无腰裤款式图

(7)膝围线:立裆线下30cm。

(8)前腰围:W/4+省=66/4+1.5=18cm。然后根据臀围与腰围的差数来分配腰围,前中撇进1cm,侧缝撇进2cm,前中最大撇2cm,侧缝最大撇2.5cm。

(9)画顺前裆线。臀围线与立裆线连线,作垂直线分三等分,经过第一等份画顺前裆线。

(10)前摆:(28-4)/4=6cm。

(11)前膝:(34-4)/4=7.5cm。

(12)内侧缝:膝围线与立裆线连线,找中点,进1cm画顺内侧缝。

(13)外侧缝:从腰围线经臀围线顺画外侧缝线,臀围线上下2cm可画平些。

(14)画腰围线:叠起省道画顺腰围线,前中、侧缝成直角。

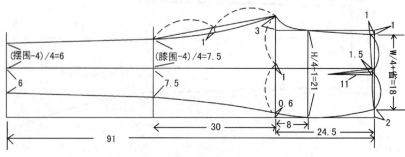

图3-29　女式无腰裤前片结构图

（二）后片（图 3-30）

（1）拷贝前片轮廓线。

（2）摆围、膝围每边加 2 cm。

（3）后立裆线比前立裆线降低 1.5 cm（弹力布可低 1～2.5 cm）。

（4）后臀围线比前臀围线抬高 2 cm。

（5）臀围线侧缝放出 3 cm，作臀围线的垂直线，与腰位等高。

（6）后腰比前腰（基础线）高 2.5(2～3)cm。

（7）后 H：H/4+1=88/4+1=23 cm。

（8）后 W：W/4+省=66/4+2.5=19 cm，从侧缝进 1 cm 开始斜量。

（9）后大裆：0.1H-3=5.8 cm。

（10）画后内侧缝：后立裆线与膝围线连线，找中点，画进 1.5 cm。

（11）画顺外侧缝线。

（12）画后腰省：找腰围线中点，作腰围线垂直线，省长 12 cm，省宽 2.5 cm，叠起省道画顺腰围线，后中、侧缝成直角。

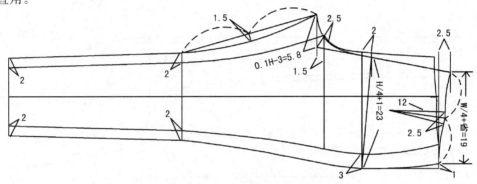

图 3-30　女式无腰裤后片结构图

（三）前片分割线、前腰贴结构图（图 3-31）

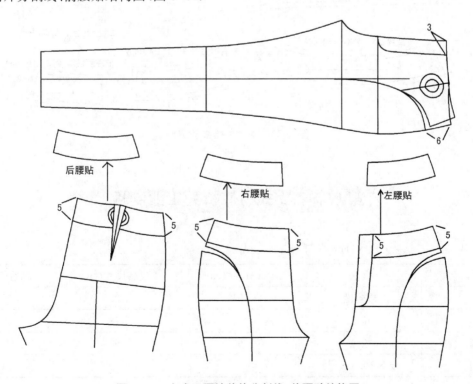

图 3-31　女式无腰裤前片分割线、前腰贴结构图

（四）缝份(图3-32)

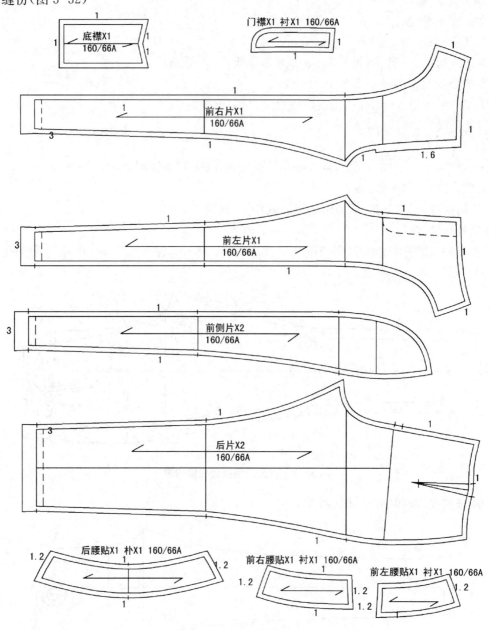

图3-32　女式无腰裤放缝份

第八节　女式打底裤的工业制板

客户：XXX　　款号：L077　　款式：女式打底裤　　号型：160/68A

部位	度法	纸样尺寸(cm)	成品尺寸(cm)	成品尺寸(英寸)
裤长	连腰度	91	90	35-3/8″
腰围	拉度	78	78	30-3/4″
腰围	松度	60	60	23-5/8″
臀围	腰下16.5 cm度	81	80	31-1/2″

部位	度法	纸样尺寸(cm)	成品尺寸(cm)	成品尺寸(英寸)
膝围	裆下30 cm度	30	29	11-1/2″
摆围	直度	20	20	7-7/8″
腰头宽		3	3	1-1/8″

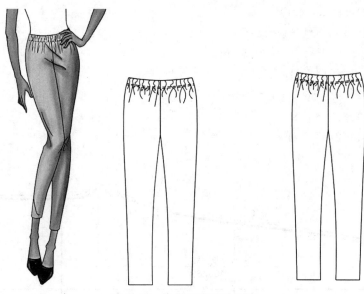

图3-33　女式打底裤款式图

制图步骤：

款式见图3-33。

（一）前、后片结构图（图3-34）

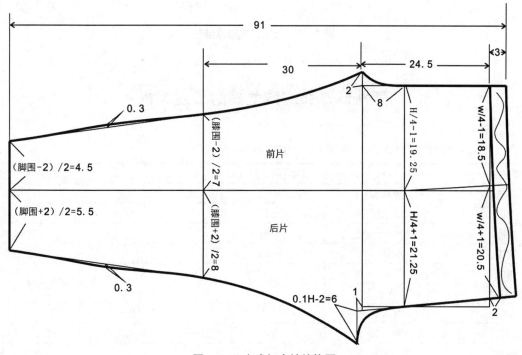

图3-34　女式打底裤结构图

(1) 作一条直线为侧缝的辅助线,然后画脚围线、腰围线。前长＝裤长＝91 cm。

(2) 立裆线:立裆深 24.5 cm,一般在 24~26 cm。

(3) 臀围线:立裆线上 8 cm。

(4) 前 H:H/4−1＝81/4−1＝19.25 cm。

(5) 前小裆:(H/20−1)或 0.04H,女裤前小裆一般取值范围为 2~3 cm。

(6) 膝围线:(膝围−2)/4＝(30−2)/4＝7 cm。

(7) 前摆:(20−2)/4＝4.5 cm。

(8) 前腰围:W/4−1＝78/4−1＝18.5 cm。

(9) 后腰围:W/4+1＝78/4+1＝20.5 cm。

(10) 后 H:H/4+1＝81/4+1＝21.25 cm。

(11) 后大裆:0.1H−2＝80/4+1＝6 cm。

(12) 后膝:(膝+1)/2＝8 cm。

(13) 后脚:(脚+1)/2＝5.5 cm。

(二) 放缝份(图 3-35)

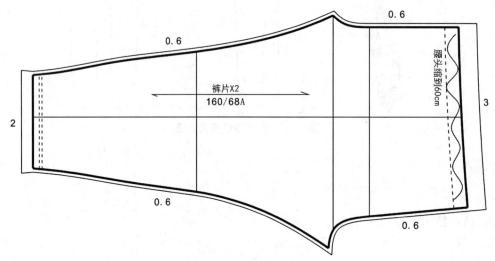

图 3-35　女式打底裤放缝份

第九节　女式锥型裤的工业制板

客户:×××　　款号:D012　　款式:女式锥型裤　　号型:160/66A

部位	度法	纸样尺寸(cm)	成品尺寸(cm)	成品尺寸(英寸)
裤长	连腰度	91	90	35-3/8″
腰围	沿边度	68	68	26-3/4″
臀围	裆上 9 cm 度	94	93	36-5/8″
摆围	直度	32	32	12-5/8″
膝围	裆下 30 cm 度	36	35	13-3/4″
腰头宽	直度	4	4	1-1/2″
前袋	宽×长	5×12	5×12	2″×4-3/4″
后袋	宽×长	1×13	1×13	3/8″×5-1/8″
裤襻	宽×长	1×5.5	1×5.5	3/8″×2-1/4″

制图步骤：

款式见图 3-36。

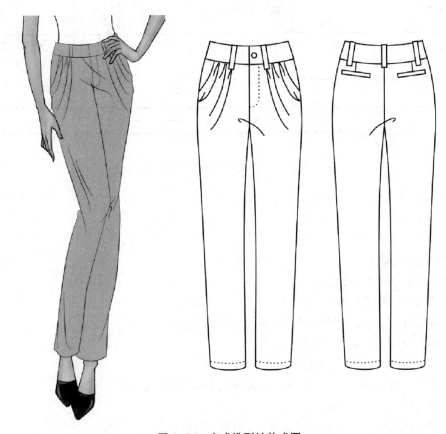

图 3-36   女式锥型裤款式图

（一）前片（图 3-37）

（1）作一条直线为侧缝的辅助线，然后画摆围线、腰围线。裤长＝总长＝91 cm。

（2）画立裆线：中腰裤立裆一般取 24.5 cm。

（3）臀围线：立裆线上 8 cm。

（4）前 H：H/4－1＝94/4－1＝22.5 cm。

（5）前小裆：(H/20－1)或 0.04H，女裤前小裆范围 3～4 cm，本款用 4 cm。

（6）裤中线：立裆侧缝撇进 0.6 cm 之后再和前小裆取中点。

（7）前腰围：W/4＋省＝68/4＋3＝20 cm。然后根据臀围与腰围的差数来分配腰围，前中撇进 1 cm，侧缝撇进1.5 cm。前中最大撇 1.5 cm，侧缝最大撇 2.5 cm。

（8）画顺前裆线。臀围线与立裆线连线，作垂直线分三等分，经过第一等份画顺前裆线。

（9）前摆：(32－4)/4＝7 cm。

（10）前膝：(36－4)/4＝8 cm。

（11）内侧缝：膝围线与立裆线连线，找中点，进 1 cm 画顺内侧缝。

（12）外侧缝：从腰围线经臀围线画顺外侧缝线，臀围线上下 2 cm 可画平些。

（13）画腰围线：叠起省道画顺腰围线，前中、侧缝成直角。

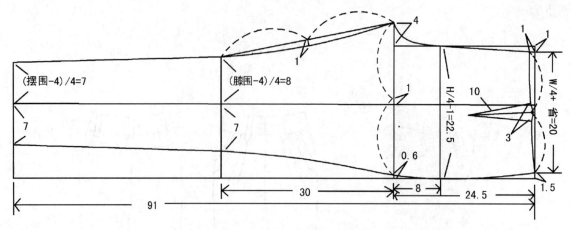

图 3-37 女式锥型裤前片结构图

（二）后片（图 3-38）

（1）拷贝前片轮廓线。

（2）摆围、膝围每边加 2 cm。

（3）后立裆线比前立裆线降低 1 cm。

（4）后臀围线比前臀围线抬高 2 cm。

（5）臀围线侧缝放出 3 cm，作臀围线的垂直线，与腰位等高。

（6）后腰比前腰（基础线）高 2～3 cm。

（7）后 H：H/4+1＝94/4+1＝24.5 cm。

（8）后 W：W/4+省＝68/4+3＝20 cm，从侧缝进 1 cm 开始斜量。

（9）后大裆：0.1H−2＝7.4 cm。

（10）画后内侧缝：后立裆线与膝围线连线，找中点，画进 1.5 cm。

（11）画顺外侧缝线。

（12）画后腰省：找腰围线中点，作腰围线垂直线，省长 11 cm，省宽 3 cm，叠起省道画顺腰围线，后中、侧缝成直角。

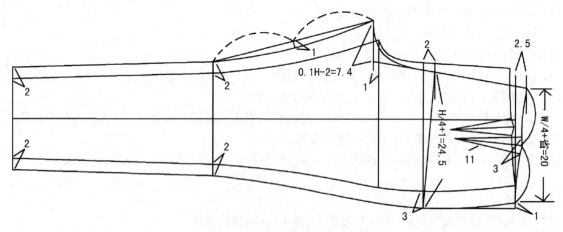

图 3-38 女式锥型裤后片结构图

（三）前褶结构（图 3-39）

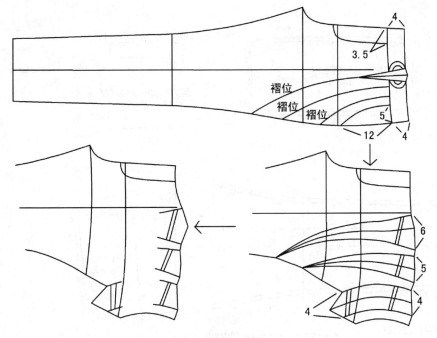

图 3-39　女式锥型裤前褶结构图

（四）前袋结构图（图 3-40）

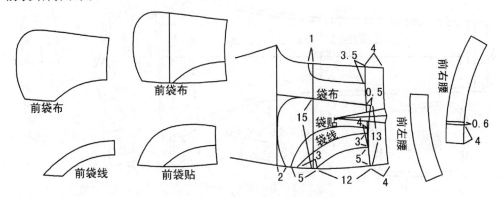

图 3-40　女式锥型裤前袋结构图

（五）后袋结构图（图 3-41）

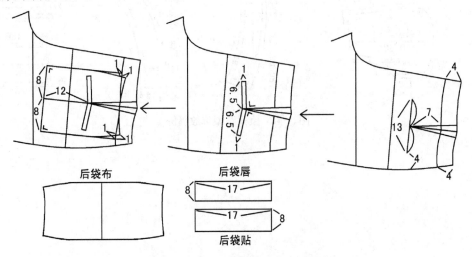

图 3-41　女式锥型裤后袋结构图

（六）缝份（图 3-42）

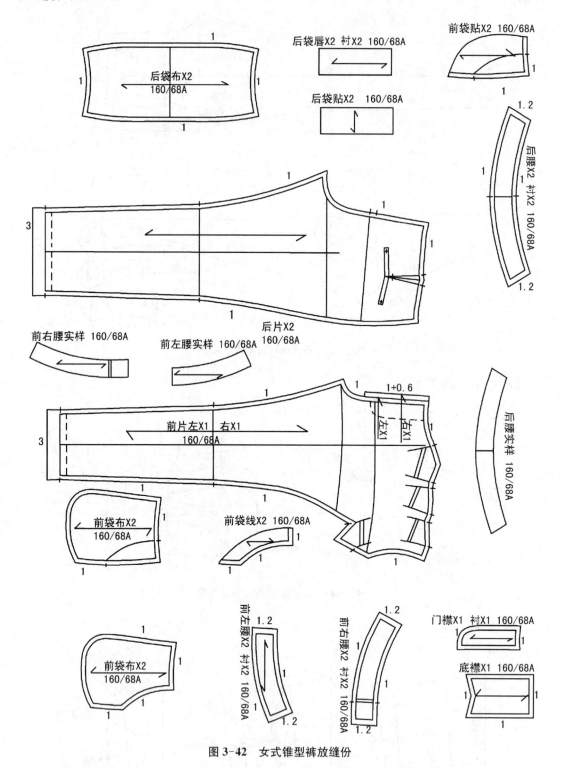

后袋唇X2 衬X2 160/68A

前袋贴X2 160/68A

后袋贴X2 160/68A

后袋布X2
160/68A

后腰X2 衬X2 160/68A

后片X2
160/68A

前右腰实样 160/68A

前左腰实样 160/68A

前片左X1 右X1
160/68A

后腰实样 160/68A

前袋布X2
160/68A

前袋线X2 160/68A

前袋布X2
160/68A

前左腰X2 衬X2 160/68A

前右腰X2 衬X2 160/68A

门襟X1 衬X1 160/68A

底襟X1 160/68A

图 3-42 女式锥型裤放缝份

第十节 女式阔腿裤的工业制板

客户:XXX 款号:L075 款式:女式阔腿裤 号型:160/68A

部位	度法	纸样尺寸(cm)	成品尺寸(cm)	成品尺寸(英寸)
裤长	连腰度	91	90	35-3/8″
腰围	沿边度	70	70	27-1/2″
臀围	腰下16.5 cm度	96	95	37-3/8″
膝围	裆下30 cm度	58	57	23-1/4″
摆围	直度	56	56	22-7/8″
侧袋	直度	13	13	5-1/8″
后袋	直度	13	13	5-1/8″
腰头宽		4	4	1-1/2″

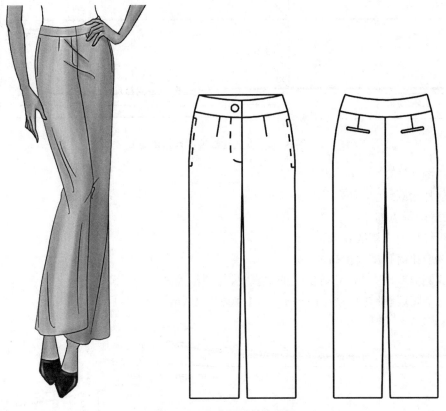

图3-43 女式阔腿裤款式图

制图步骤:

款式见图3-43。

(一)前片(图3-44)

(1)作一条直线为侧缝的辅助线,然后画脚围线、腰围线。前长=裤长=91 cm。

(2)画立裆线:H/4+(0~1),普通阔腿裤立裆可深些,一般在24~26 cm范围,本款立裆深26 cm。

(3) 臀围线:立裆线上 8 cm。

(4) 前 H:H/4-1=96/4-1=23 cm。

(5) 前小裆 :(H/20-1)或 0.04H,女阔腿裤前小裆范围 4~5 cm,本款取 5 cm。

(6) 裤中线:立裆与前小裆取中点。

(7) 膝围线:(膝围-4)/4=(58-4)/4=13.5 cm。

(8) 前腰围:(W/4+省)-1=(70/4+3)-1=19.5 cm。然后根据臀围与腰围的差数来分配腰围,前中撇进 1.5 cm,侧缝撇进 2 cm。前中最大撇 2 cm,侧缝最大撇 2.5 cm。

(9) 画顺前裆线。臀围线与立裆线连线,作垂直线分三等分,经过第一等份画顺前裆线。

(10) 前摆:[56-(2~4)]/4=13 cm。

(11) 内侧缝:膝围线与立裆线连线,找中点,进 0.3 cm 画顺内侧缝。

(12) 外侧缝:从腰围线经臀围线画顺外侧缝线,臀围线上下 2 cm 可画平些。

(13) 画腰围线:叠起省道画顺腰围线,前中、侧缝成直角。

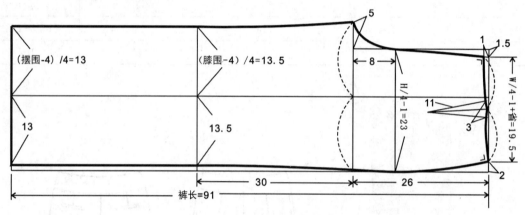

图 3-44　女式阔腿裤前片结构图

(二) 后片(图 3-45)

(1) 拷贝前片轮廓线。

(2) 摆围、膝围每边加 2 cm。

(3) 后立裆线比前立裆线降低 1 cm。

(4) 后臀围线比前臀围线抬高 2 cm。

(5) 臀围线侧缝放出 3 cm,作臀围线的垂直线,与腰位等高。

(6) 后腰比前腰(基础线)一般高 2~3 cm,本款取 2.5 cm。

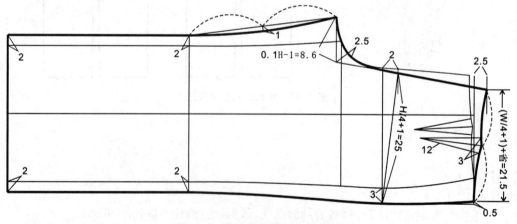

图 3-45　女式阔腿裤后片结构图

（7）后 H：H/4+1=96/4+1=25 cm。

（8）后 W：(W/4+1)+省=(70/4+1)+3=21.5 cm，从侧缝进 0.5 cm 开始斜量。

（9）后大裆 ：0.1H−(1~2)=8.6 cm。

（10）画后内侧缝：后立裆线与膝围线连线，找中点，画进 1 cm。

（11）画顺外侧缝线。

（12）画后省腰省：找腰围线中点，作腰围线垂直线，省长 12 cm，省宽 3 cm，叠起省道画顺腰围线，后中、侧缝成直角。

（三）前片侧袋、腰头、门襟结构图（图 3-46）

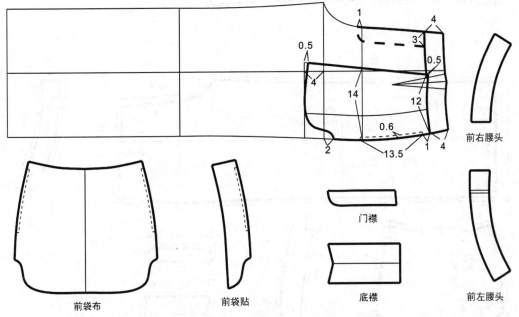

图 3-46　女式阔腿裤侧袋、腰头、门襟结构图

（四）后片后袋、后腰头结构图（图 3-47）

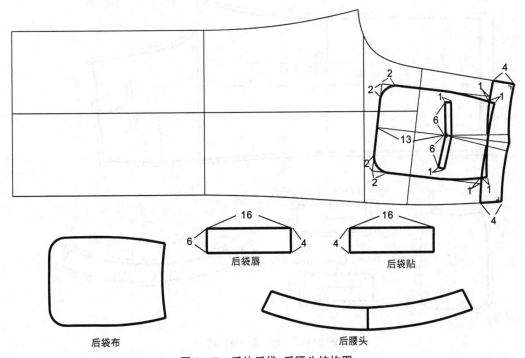

图 3-47　后片后袋、后腰头结构图

（五）放缝份(图 3-48)

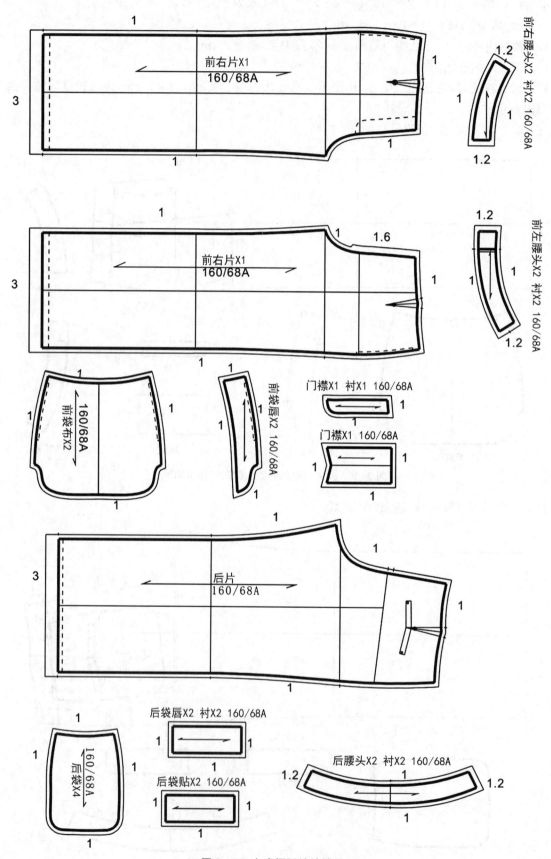

前右腰头X2 衬X2 160/68A

前左腰头X2 衬X2 160/68A

前右片X1
160/68A

前右片X1
160/68A

前袋布X2
160/68A

前袋唇X2 160/68A

门襟X1 衬X1 160/68A

门襟X1 160/68A

后片
160/68A

后袋唇X2 衬X2 160/68A

后袋贴X2 160/68A

后腰头X2 衬X2 160/68A

后袋X4
160/68A

图 3-48 女式阔腿裤放缝份

第四章　女上装的工业制板

第一节　女上装结构设计

一、女上装基础纸样

先从基础纸样入手,可以更加容易地理解衣身的领口、袖窿、胸省以及腰省等服装局部的结构设计原理与依据,充分理解人体的立体与平面样板结构之间的关系,这对后续基本样板的学习有很大的益处。

部位	纸样尺寸(cm)	纸样尺寸(英寸)
胸围	92	36-1/4″
肩宽	38	15″
背长	38	15″
领围	38	15″

基础纸样尺寸表　　　　　　　　　号型　160/84A

结构设计提示:

结构线名称(图4-1)。

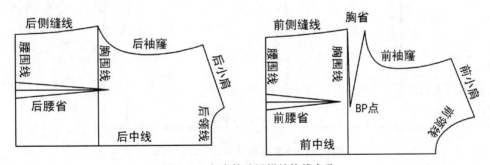

图4-1　女式基础纸样结构线名称

制图步骤:

(一)后片(图4-2)

(1)画后中线、肩平线,在肩平线上量取后领宽:N/5−0.5=7.1 cm。

(2)后领深:2.5 cm,一般后领深控制在2~2.5 cm范围。

(3)后肩斜:15:5。

(4)领围线:把后领宽分成三等分,从第一等份开始画顺领围线。

(5)后肩宽:S/2=38/2=19 cm,从后中线量取与肩斜线交点。

(6)胸围线:B/6+(6~7)= 92/6+(6~7)=22 cm,从后中线往下量,胸围线最少也要19 cm以上,

否则袖窿离腋下距离太浅。

(7) 腰围线：从后中量取 38 cm。

(8) 后 B：B/4－0.5＝(92＋1)/4－0.5＝93/4－0.5＝22.75 cm，其中胸围加 1 cm 的量为后省尖的量。

(9) 后袖窿：后肩冲进 1.8 cm，作胸围线的垂直线，分两等分，画袖窿线。后冲肩一般控制 1.2～2 cm。

(10) 侧缝线：后腰撇进 1.5 cm，一般控制 1～2 cm，画顺侧缝线。

(11) 后腰省：找腰围线中点，作腰围线垂直线，省长可过腰围线 2 cm，省宽 3 cm。

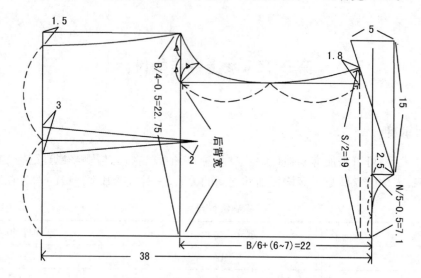

图 4-2　女式基础纸样后片结构图

（二）前片（图 4-3）

(1) 拷贝前中线、胸围线、腰围线，前上平线比后上平线高 0.5 cm（图 4-3a）。

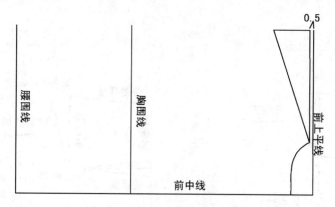

图 4-3a　女式基础纸样上平线结构图

(2) 前领宽：后领宽－0.2＝7.1－0.2＝6.9 cm。

(3) 前领深：前领宽＋(0.7～1)＝6.9＋0.7＝7.6 cm。

(4) 前肩斜：15∶6。

(5) 前小肩：后小肩－(0.2～0.5)＝12.5－0.5＝12 cm。

(6) 前 B：B/4＋0.5＝93/4＋0.5＝23.75 cm。

(7) 前胸宽：后背宽－1＝17.2－1＝16.2 cm。

(8) BP 点：距上平线 24.5 cm，距前中 9 cm。

(9) 胸省：胸围线提高 3.5 cm，与 BP 点连线。

(10) 前袖窿：把袖窿线分三等分，经过第一等份左右画顺前袖窿线。

（11）前侧缝：前腰撇进 1.5 cm，一般控制 1～2 cm，画顺侧缝线。

（12）前腰省：距前中线 10 cm，作腰围线垂直线，省尖距 BP 点 2 cm 左右，省宽 3 cm。

（13）腋下省：侧缝线下 7 cm，与 BP 点连线，把胸省转移到腋下省，省尖缩短 3～5 cm，叠起省道画顺侧缝线。

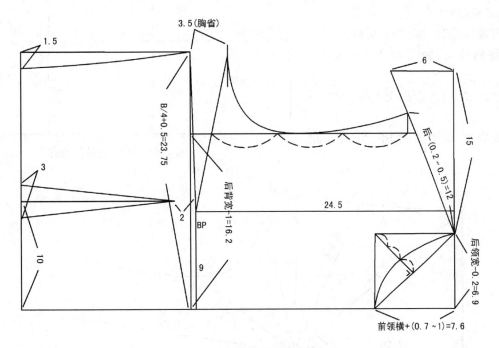

图 4-3b　女式基础纸样前片结构图

二、省道转移

人体并非简单的圆筒体，而是一个复杂而微妙的立体，要使服装美观、合体，就必须研究服装结构的处理方法。通过旋转、剪切、折叠等变形方法，采用省道、折裥、分割、连省成缝等各种结构形式，达到美化人体的作用。

（一）衣省类别

1. 前片（图 4-4）

分为前腰节省，前侧缝省，腋下省，袖窿省，前肩省，前领省，门襟省。

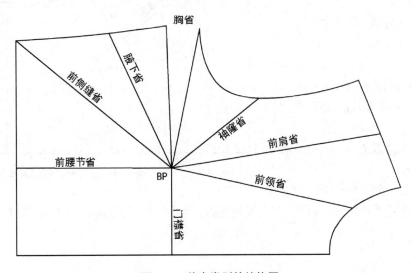

图 4-4　前省类别的结构图

2. 后片(图 4-5)

分为后腰省,后侧缝省,后肩省,后领省,育克省。

(二)省长和省量

1. 前省长(图 4-6)

(1)前腰省离 BP 点 2 cm 左右。

(2)前侧缝省、腋下省离 BP 点 3～5 cm。

(3)袖窿省、门襟省离 BP 点 2～3 cm 左右。

(4)前肩省、前领省离 BP 点 3～6 cm 左右。

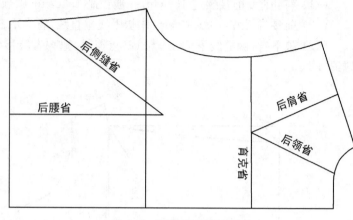

图 4-5　后省类别的结构图

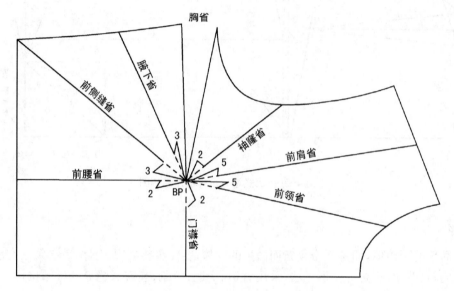

图 4-6　省道离 BP 点距离的结构图

2. 后省长(图 4-7)

(1)后腰省、后侧缝省可过胸围线 2 cm 左右。

(2)后领省、后肩省、育克省省长 8～9 cm 左右。

3. 省量

(1)前腰省不超过 3 cm,胸省 2.5～3.5 cm。乳峰越大,胸省可以设大些,反之则减少胸省的量。

(2)后腰省一般不超过 3 cm,后肩省一般控制在 1～1.5 cm。

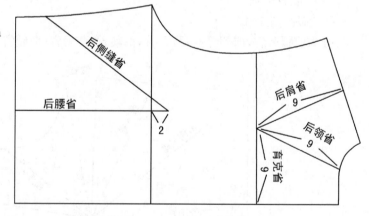

图 4-7　后省省长的结构图

4. 胸省与前上平线的关系(图 4-8)

乳峰越大,乳峰需要量增大,所以前上平线须提高,胸省加大,乳峰越小,需要的量减小,前上平线可略降低,胸省变小。

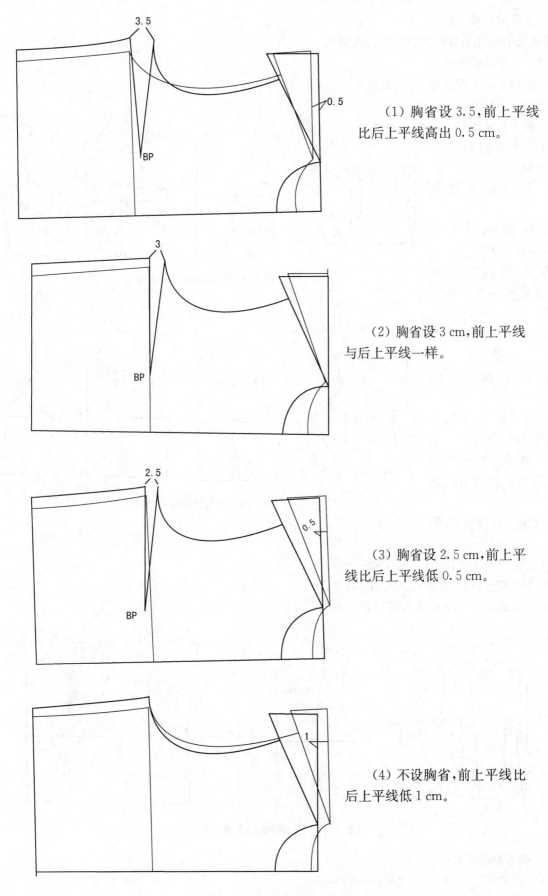

（1）胸省设 3.5，前上平线
比后上平线高出 0.5 cm。

（2）胸省设 3 cm，前上平线
与后上平线一样。

（3）胸省设 2.5 cm，前上平
线比后上平线低 0.5 cm。

（4）不设胸省，前上平线比
后上平线低 1 cm。

图 4-8　胸省与前上平线的关系

（三）省道转移方法

省道转移方法有量取法、旋转法、剪切法。

（四）省道的类别

省道类别有钉字省、锥子省、橄榄省、弧形省等。

（五）省道转移

1. 前片省道转移

（1）胸省转腋下省
（图4-9）

① 设定腋下省的
位置。

② 合并胸省，把胸省
转到腋下省中去。

③ 省长缩短 3～
5 cm，叠起腋下省道画顺
侧缝线。

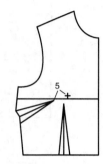

图4-9　胸省转腋下省结构图

（2）胸省转袖窿省（图
4-10）

① 设定袖窿省的
位置。

② 合并胸省，把胸省
转移到袖窿省中去。

③ 省长缩短 2～
3 cm，叠起袖窿省道画顺
袖窿线。

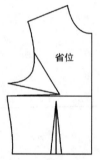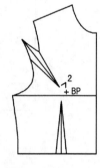

图4-10　胸省转袖窿省结构图

（3）胸省转前肩省（图
4-11）

① 设定前肩省的位置，一般在前小肩中点。

② 合并胸省，把胸省转移到前肩省中去。

③ 省长缩短 3～6 cm，叠起前肩省省道画顺前肩线。

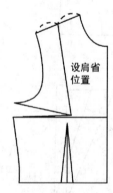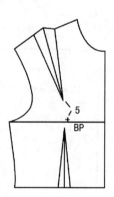

图4-11　胸省转前肩省结构图

（4）胸省转前领省（图4-12）

① 设定前领省的位置，一般在前领围中点。

② 合并胸省，把胸省转移到前领省中去。

③ 省长缩短 3～6 cm,叠起省道线画顺前领围线。

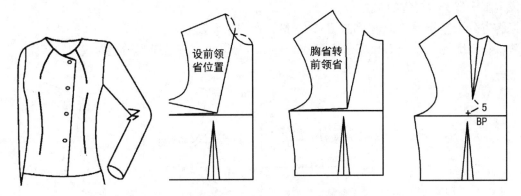

图 4-12　胸省转前领省结构图

（5）胸省转门襟省（图 4-13）

① 设定门襟省的位置。

② 合并胸省,把胸省转移到门襟省中去。

③ 省长缩短 2～3 cm,叠起省道线画顺前中线。

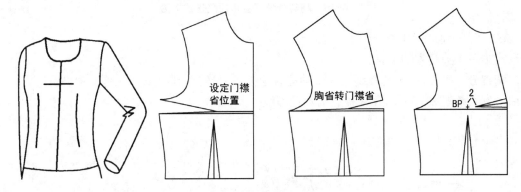

图 4-13　胸省转门襟省

（6）胸省转前侧缝省（图 4-14）

① 设定侧缝省的位置,一般设在腰围线以下。

② 合并胸省,把胸省转移到侧缝省中去。

③ 省长缩短 3～5 cm,叠起省道线画顺侧缝线。

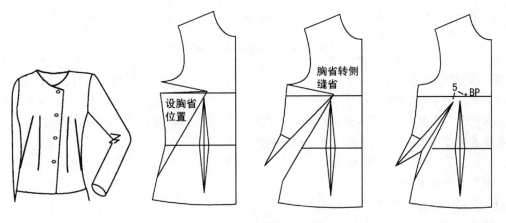

图 4-14　胸省转侧缝省结构图

(7) 胸省转腋下省和袖窿省(图 4-15)

① 设定腋下省和袖窿省的位置。

② 把胸省分二等分,一份转移到腋下省,一份转移到袖窿省中去。

③ 腋下省长缩短 3～5 cm,袖窿省长缩短 2～3 cm,分别叠起省道线画顺侧缝线和袖窿线。

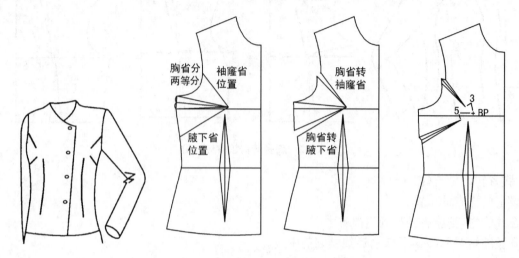

图 4-15　胸省转腋下省和袖窿省结构图

(8) 胸省转两个袖窿省(图 4-16)

① 设定第一个袖窿省的位置。

② 把胸省分二等分,一份转移到第一个袖窿省中去,一份转移到第二个袖窿省中去。

③ 袖窿省长缩短 2～3 cm,叠起省道画顺袖窿线。

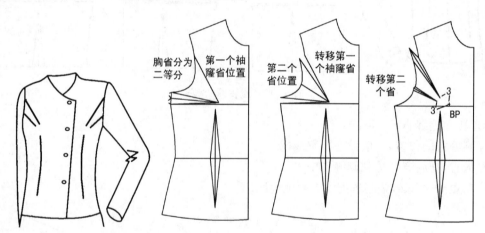

图 4-16　胸省转两个袖窿省结构图

(9) 胸省转两个腋下省(图 4-17)

① 设定第一个袖窿省的位置。

② 把胸省分二等分,一份转移到第一个腋下省中去,一份转移到第二个腋下省中去。

③ 袖窿省长缩短 3～5 cm,叠起省道画顺侧缝线。

(10) 胸省、腰省转腋下省(图 4-18)

① 设定第一个腋下省的位置。

② 把胸省和腰省转移到腋下省中去。

③ 袖窿省长缩短 2～3 cm,叠起省道画顺侧缝线。

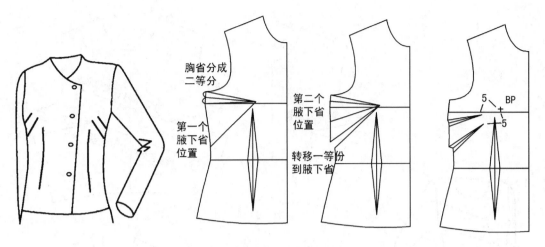

图 4-17　胸省转两个腋下省结构图

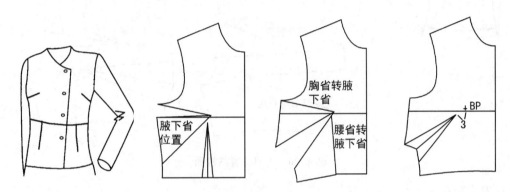

图 4-18　胸省、腰省转腋下省结构图

（11）胸省转腰省（图 4-19）

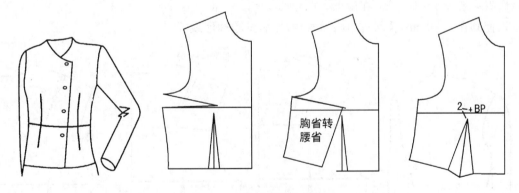

图 4-19　胸省转腰省结构图

① 设定第一个腰省的位置。

② 把胸省转移到腰省中去。

③ 袖窿省长缩短 2 cm，叠起省道画顺腰围线。

（12）不对称省（图 4-20）

① 把腰省转移到胸省中去。

② 设定不对称省位置。

③ 省长缩短 2 cm，叠起省道画袖窿线和侧缝线。

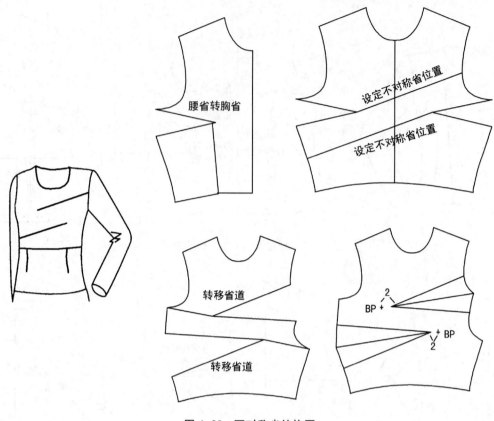

图 4-20　不对称省结构图

2. 后片省道转移

(1) 后肩省(图 4-21)

① 设定后肩省的位置,一般在后小肩的中部。

② 后肩省一般设 1~1.5 cm,在后小肩拉开 1.5 cm。

③ 省长控制在 8~9 cm,叠起省道画顺肩线,然后画顺袖窿线。

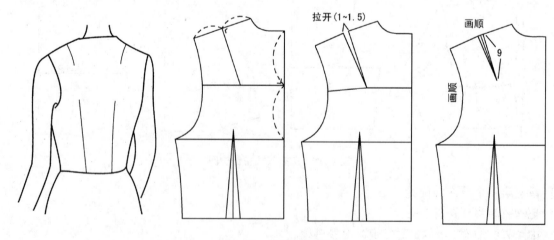

图 4-21　后肩省结构图

(2) 后领省(图 4-22)

① 设定后领省的位置,一般在后领围的中点。

② 合并后肩省,把后肩省转移到后领省中去。

③ 省长控制在8～9 cm,叠起省道画顺后领围线。

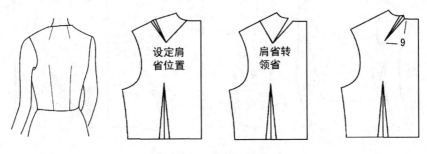

图4-22　后领省结构图

(3) 育克省(图4-23)

① 设定后领省的位置。

② 合并后肩省,把后肩省转移到育省中去。

③ 省长控制在8～9 cm,叠起省道画顺后中线。

图4-23　育克省结构图

(4) 后袖窿省(图4-24)

① 设定后袖窿省的位置。

② 合并后肩省,把后肩省转移到后袖窿中去。

③ 省长控制在8～9 cm,叠起省道画顺袖窿线。

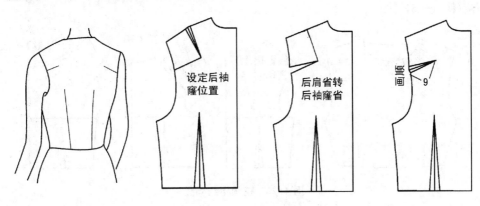

图4-24　后袖窿省结构图

(5) 后侧缝省(图4-25)

① 设定后侧缝省的位置。

② 合并腰省,把后腰省转移到侧缝省中去。

③ 叠起省道画顺后侧缝线。

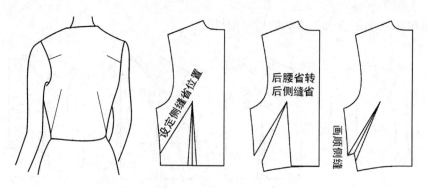

图4-25　后侧缝省结构图

三、褶裥的结构设计

抽碎褶、打褶裥是服装造型中的重要手段，是对服装进行立体处理的结构形式。为了丰富服装的造型变化，增加服装的艺术效果，不但可以将一个省道分解为多个省道，还可以利用服装结构中的抽碎褶、打褶裥及其它形式的组合表现，给服装以较大的宽松量，以便于人体活动，同时还能增加装饰效果，使服装具有更强的艺术感染力。

褶裥量大，用现有的省转移到褶中显然不够，因此，大多采用增大褶量加以补充，形成强烈的立体效果。

（一）褶裥的分类

褶裥分为缩褶、活褶、褶裥。

（二）褶裥的结构展开方法

褶裥的结构展开方法有平移法、旋转法、叠加展开等。

（三）褶裥的基本作用

（1）能产生特殊肌理效果，增强服装的雕塑感，表现某种艺术情趣。

（2）通过打褶裥，能满足人体球面状态的要求，又能形成各种宽松形态的服装造型。

（3）能调节褶裥形成波浪。如百褶裙、三节褶裙、褶裥花边。

（4）能调节边界长度值，扩大相关部位的松量。

（四）褶的结构设计

1. 前领褶（图4-26）

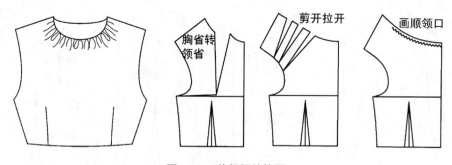

图4-26　前领褶结构图

（1）把胸省转移到前领省中。

（2）由于褶量要很大，省道转移量不够，大多采用增大褶量来补充。

（3）画顺领口线，把缩量标出。

2. 前肩褶（图4-27）

（1）把胸省转移到前肩省中。

（2）画顺前肩线。

(3) 把缩量标在前肩线上。

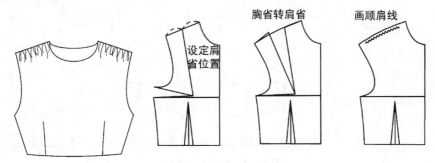

图 4-27 前肩褶结构图

3. 前腰褶 (图 4-28)

(1) 把胸省转移到前腰省中。

(2) 由于省量不够,采用增大褶量来补充。

(3) 把缩量标在腰线上。

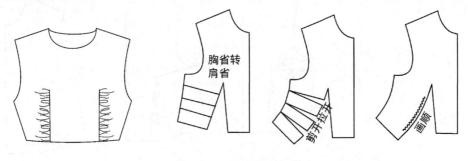

图 4-28 前腰褶结构图

4. 门襟褶 (图 4-29)

(1) 设定门襟褶的位置。

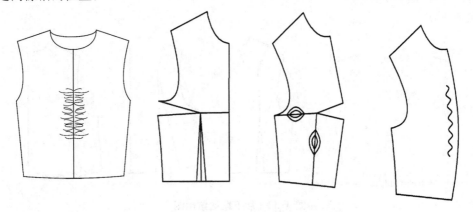

图 4-29 前门襟褶结构图

(2) 把胸省、腰省转移到门襟省中。

(3) 画顺门襟线,标出缩位。

5. 前胸褶 (图 4-30)

(1) 设定胸褶分割线。

(2) 把胸省转移到胸褶中,侧缝可放出 1 cm。

(3) 画顺胸褶线,标出缩量。

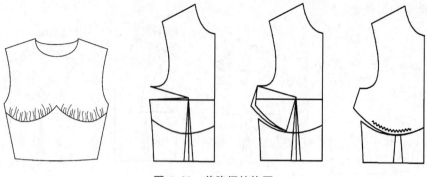

图 4-30　前胸褶结构图

6. 前下摆褶（图 4-31）

（1）把胸省转移到下摆。

（2）画顺下摆，把缩量标出。

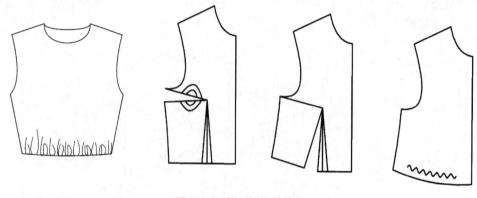

图 4-31　前下摆褶结构图

7. 后下摆褶（图 4-32）

（1）合并后肩省，转移到下摆中。

（2）画顺后下摆。

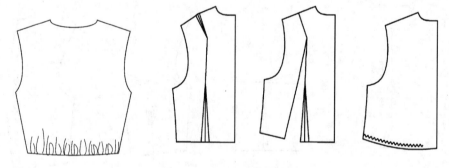

图 4-32　后下摆褶结构图

四、分割线的结构设计

服装设计离不开分割线条的表现，丰富多变的线条成就了服装式样的多变，线条特有的方向性和运动感，赋予了服装丰富的内容和表现力。除了省道、褶裥外，分割线是服装设计中最常用的结构形式，不仅起到分割服装形态的作用，而且还将衣身的省道结构暗含其中，能设计出比省道各褶裥形式更加合体的服装。服装分割线有各种各样的形态，如纵向分割线、横向分割线、斜向分割线、自由分割线等。此外还常用具有节奏旋律感的线条，如放射线、辐射线、螺旋线等。

（一）分割线的分类

1. 视觉分割线

视觉分割线是指为了款式视觉效果的需要附加在服装上起装饰作用的分割线。

2. 功能分割线

功能分割线是指适合人体体型及方便加工的具有工艺特征的分割线。

3. 连省成缝的几条原则

（1）省道在连接时，应尽量考虑连线要通过或接近人体凹凸变化的点，以充分发挥省道的合体作用。

（2）当经向和纬向的省道连接时，一般从工艺角度考虑，应以最短路径连接，并使其具有良好的可加工性，达到人体美观的艺术造型。从艺术角度考虑，省道相连的路径要服从造型的整体性统一。

（3）省道在连接成缝时，应对连接线进行细部修正，合缝线光滑美观。

（二）女式服装分割线的结构设计

1. 袖窿分割线（图4-33）

（1）设定袖窿分割线的位置，一般在袖窿线的中点左右。

（2）把胸省转移到袖窿省中去。

（3）画顺分割线。

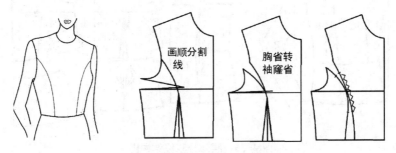

图 4-33　袖窿分割线结构图

2. 肩部分割线（图4-34）

（1）设定肩部分割线的位置，一般在肩部的中点左右。

（2）把胸省转移到前肩省中去。

（3）画顺分割线。

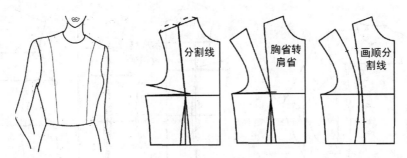

图 4-34　肩部分割线结构图

3. 领部分割线（图4-35）

（1）设定肩部分割线的位置，一般在领围线的中点左右。

（2）把胸省转移到前领省中去。

（3）画顺分割线。

4. 腰部分割线（图4-36）

（1）设定肩部分割线的位置，一般在领围线的中点左右。

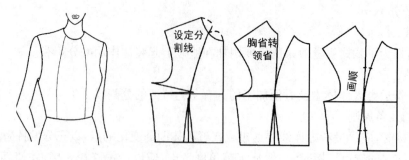

图4-35 领部分割线结构图

（2）把胸省转移到腰省中去。

（3）画顺分割线。

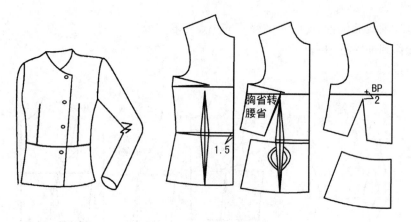

图4-36 腰部分割线结构图

5.胸宽部分割线（图4-37）

（1）设定分割线的位置。

（2）把胸省转移到胸部分割线中去。

（3）画顺分割线。

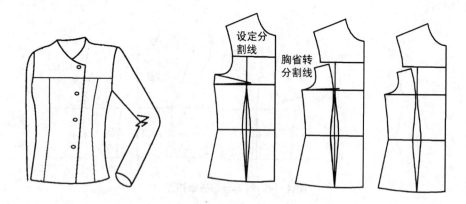

图4-37 胸宽部分割线结构图

6.胸和腰部分割线（图4-38）

（1）设定分割线的位置。

（2）把胸省转移到胸部分割线中去，合并腰省，上下段分别合并。

（3）画顺胸和腰分割线。

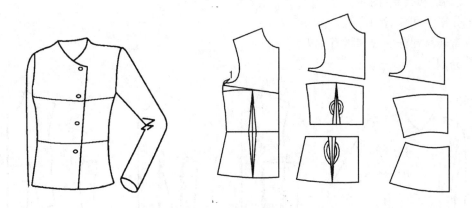

图 4-38　胸和腰部分割线结构图

7. 侧部分割线（图 4-39）

（1）设定分割线的位置。

（2）把胸省转移到侧部分割线中去，合并腰省。

（3）画顺分割线。

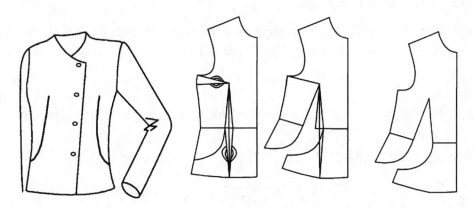

图 4-39　侧部分割线结构图

8. 袖窿分割线和腋下省（图 4-40）

（1）设定分割线和胸省的位置。

（2）把胸省转移到分割线中去。

（3）画顺分割线。

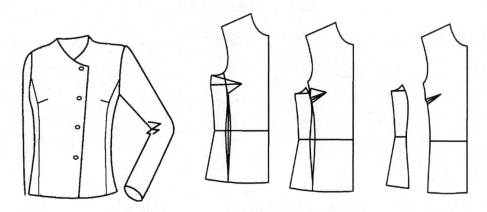

图 4-40　袖窿分割线和腋下省结构图

9. 袖窿分割线和腰省(图 4-41)

(1) 设定分割线和腰省的位置。

(2) 把胸省转移到分割线和腰省中去。

(3) 画顺分割线。

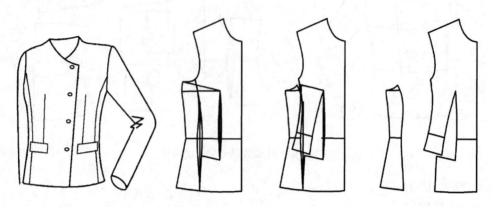

图 4-41　袖窿分割线和腰省结构图

五、衣身门襟、口袋和钮位的结构设计

女装的前衣身除省道、分割线各褶裥的变化之外,还有门襟、口袋各钮位等变化,这些局部也是服装设计中的重要元素,关系到能否恰如其分地表达设计者的设计构思,起到画龙点睛的作用,是衡量设计作品成功与否的关键。

(一) 门襟变化

服装开襟是为了穿脱方便而设在衣服上任何部门的结构形式,服装的开襟有多种形式。

1. 在前衣片上正中开襟(图 4-42)

包括对合襟、对称门襟(单排扣门襟、单排扣暗门襟、双排扣门襟、半开门襟等。

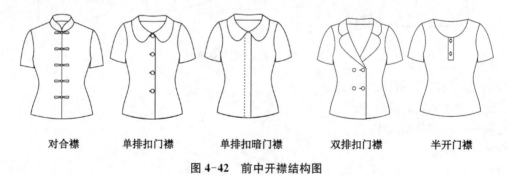

对合襟　　　单排扣门襟　　　单排扣暗门襟　　　双排扣门襟　　　半开门襟

图 4-42　前中开襟结构图

2. 在其它部位的开襟(腋下开襟、肩开襟、后中开襟)(图 4-43)

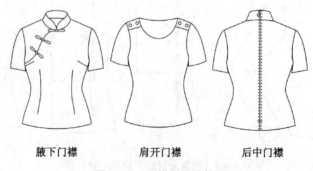

腋下门襟　　　肩开门襟　　　后中门襟

图 4-43　开襟形式结构图

3. 非对称门襟(直门襟、斜门襟、曲线门襟)(图 4-44)

直门襟　　　　　斜门襟　　　　　曲线门襟

图 4-44　非对称门襟结构图

六、口袋的结构设计

口袋是服装的主要附件之一,其功能主要是放手和装物品,并起点缀装饰美化的作用。

1. 口袋

口袋是一个总称,在服装上的应用很多,名称各异,有大袋、小袋、里袋、表袋、装饰袋等,但从结构工艺上来分,可归纳为以下三大类。

(1)挖袋(图 4-45)

挖袋是一种在衣片上面剪出袋口尺寸,内缝袋布的结构形式,又称开袋。视袋口的缝制工艺不同又有单嵌挖袋、双嵌挖袋、箱型挖袋等,有的还装饰有各种各样的袋盖,从袋口形状分,有直列式、横列式、斜列式、弧形式等。

箱型挖袋　　　　　单嵌挖袋　　　　　双嵌挖袋

图 4-45　挖袋结构图

(2)插袋

插袋一般是指在服装分割缝中留的口袋,一般不用剪开衣片。这类口袋隐蔽性好,也可以缉明线、加袋盖或镶边等,如女装公主缝线或刀背缝线上的插袋、男西裤上的侧袋。另外,男、女西裤上还有斜插袋,斜插袋比直斜袋更方便插手。

(3)贴袋

贴袋是用面料缝贴在服装表面上的一种口袋,在结构上大致可分为有盖、无盖、子母贴袋和开贴(在贴袋上再做一个挖贴袋)等;在工艺上可分为缉装饰缝和不缉装饰缝两种;造型上则可以千变万化,可做成尖角形、圆角形、椭圆形、及其他各种不规则形或动物、花卉图案。贴袋造型包括暗裥袋、明裥袋等。

2. 口袋设计

衣袋以其在服装上的功能性和装饰性的双重特性得以使用,在进行衣袋设计时,应考虑以下几点:

（1）口袋的袋口尺寸，应根据衣袋的放手功能来考虑

衣袋的袋口尺寸应依据手的尺寸来设计。一般成年女性的手宽为 9～11 cm，成年男性的手宽为 10～12 cm。男女上装大袋口的净尺寸一般可按手宽加放 3 cm 左右来确定。另外，还需考虑工艺上的要求，如果缉明线，应加明线的宽度。

（2）袋位的设计应与服装的整体造型相协调

袋位的设计一般应与服装的整体造型相协调，要考虑到使整件服装保持平衡。一般上装大袋的袋口高低以底边线为基准，向上量取衣长的三分之一减去 1.3～1.5 cm 或在腰节线下 5～8 cm 的位置。但大衣因其衣长较长，根据款式需要袋位还可以适当下降，可定在腰节线下 9～10 cm 的位置。袋口的前后位置以前胸宽线向前 1～2 cm 为中心来定。至于上衣小袋的袋口高低，中山装的上袋口前端对准第二粒钮位，西服的上袋口前端参考胸围线向上 1～2 cm，小袋口的后端距胸宽线 2～4 cm。

（3）衣袋本身的造型特点

在设计衣袋时，特别是在设计贴袋的外形时，原则上要与服装的外形相互协调，但也要随某些款式的特定要求而变化。在常规设计中，一般贴袋的袋底稍大于袋口，而袋深又稍大于袋底。另外，贴袋的质地、颜色、花纹、图案与整件服装相协调，这样才能达到较理想的饰效果。

七、钮位的结构设计

门襟的变化决定钮位的变化。钮位在叠门处的排列通常是等分的，但对衣长特别长的衣服，其间距应是愈往下愈长，间隔是不相等的。

对一般上装而言，最关键的是最上和最下一粒钮位的确定。最上面一粒钮扣位置与衣服的款式有关。对于最下一粒钮位的确定，不同种类的服装有不同的参照。衬衫类常以底摆为基准，向下量取衣长/4±1 cm，套装或外套类常与袋口线平齐。

扣眼的位置并不完全与钮扣相同，如男衬衫领女衬衫领，对于其扣眼位除了在领上的一颗是横向外，其余的都是纵向，纵向的扣眼位、前中线的位置上，横向的扣眼前端偏出中线 0.2～0.3 cm；而其他的衣服或一些外套类服装如西服，其扣眼一般是横向的，横向的扣眼前端偏出中线 0.3～0.4 cm（视面料厚薄和钮扣的大小厚度而变化）。一般计算：钮门宽＝号/16＋厚度，例 32 号钮扣，钮门宽＝32/16＋0.3＝2.3 cm。

八、领的结构设计

衣领是服装的重要部件，其造型、结构及工艺在一定程度上表现着成品的美感及外观，是结构设计的重要部分。

（一）衣领的分类

服装的衣领尽管款式繁多，千姿百态，但从结构上可分为无领、立领、翻领、坦领、驳领、花式领（垂褶领、抽褶领、波浪领、飘带领）。

1. 无领

（1）无领结构设计

无领也叫领口领，是指有领窝而无领子，用领窝线的造型表示领子。无领可分为：圆型领、船型领、一字领、U 型领、方领、V 型领、多边领、卷领等。

无领结构设计注意事项：

① 制定窄领围设计时，可在原型的基础上，对前后横领同时增大 1～2 cm，但主要考虑客户的要求。

② 在横开领增大的同时，后领深也相应加深，最少也要加 1 cm 以上，如果客户有规定执行客户的规定。

③ 当衣领的设计不开胸时，可在前肩顶降低 0.3 cm 左右，使前领更贴伏。

④ 如果领边无开口时，领围的设计要能套得下头，一般最小也要 58 cm 以上。

⑤ 注意做领时不能把领圈拉大。

（2）无领距侧颈点变化示意图（图 4-46）

肩线变化图　　　　　　后中变化图　　　　　　前中变化图

图 4-46　无领变化结构图

（3）无领常用领型
① 圆领（图 4-47）

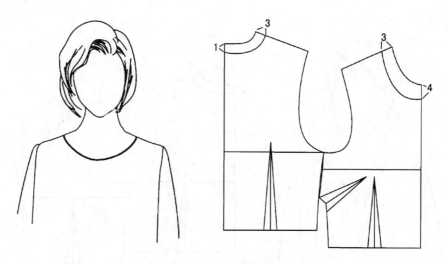

图 4-47　圆领结构图

② U 型领（图 4-48）

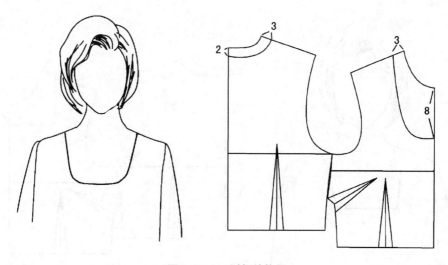

图 4-48　U 型领结构图

③ 船型领（图 4-49）

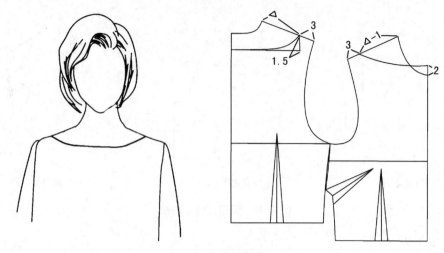

图 4-49　船型领结构图

④ V 型领（图 4-50）

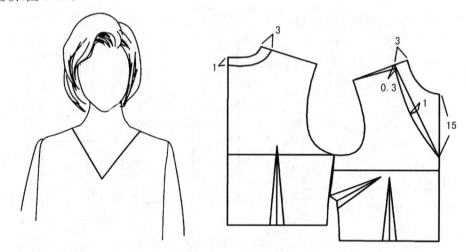

图 4-50　V 型领结构图

⑤ 方型领（图 4-51）

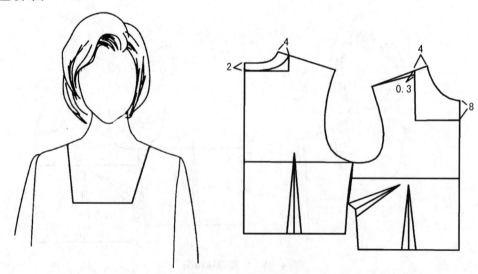

图 4-51　方型领结构图

⑥ 一字领(图 4-52)

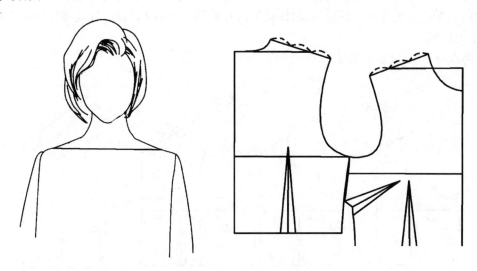

图 4-52　一字领结构图

2. 立领

立领是指无翻领只有领摆的领,立领属于关门领,立领开口可设计在前中、后中或者偏左偏右都可以,只要从最简单的立领结构入手,运用结构设计的一些技巧和方法,就可找到构成的规律和方法。

立领结构绘制方法有两种:一种是独立制图法,另一种是依靠前衣身的制图方法,两种方法制图原理相同。立领可分为有普通立领、卷领、连身立领、两用立领等。

(1) 普通立领(图 4-53)

① 通常起翘范围在 1～3 cm。起翘越高,抱颈越紧;起翘越低,离颈越松。注意当起翘为 3 cm 时,领围也相应加大。

② 领的高低随款式的变化而变化,领角也随款式变化而变化。

③ 针织衫立领通常做垂直型即可。

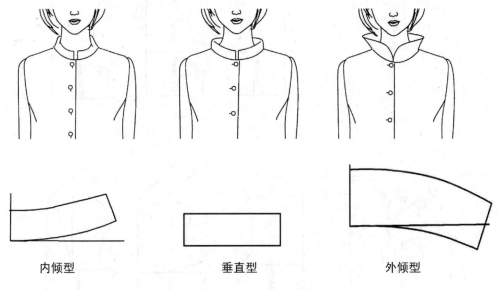

内倾型　　　　　　　垂直型　　　　　　　外倾型

图 4-53　立领结构图

注意:内倾型:起翘越高,越抱颈;起翘越低,越离脖。

外倾型:向下弯越多,张口越大;向下弯越少,张口越小。

从以上分析中可以了解到,立领的装领线是制约领型的关键,起翘量和弯曲程度的大小位置可以做不同造型的选择,它的变化也揭示了翻折领、坦领结构设计的基本规律和内容,且这种方法对于结构制图具有简便、快速的优点。

④ 依靠前衣身作图(立领套裁法)(图4-54)

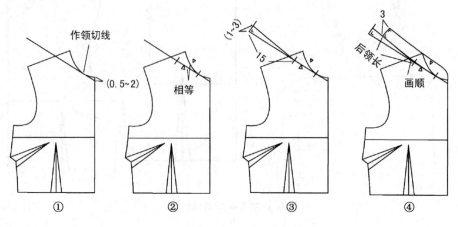

图4-54 立领套裁法结构图

a. 作切线:一般情况下,领切线越靠近上限,装领线与领窝重合的部分越多,成型后的立领前抱颈越紧,一般情况下可设前横开领1/2以下。

b. 确定领肩对位点。

c. 作出领圈长度:15:1~3,然后画顺。

d. 作后领高、领外围线和前中线。

(2)连身立领(图4-55)

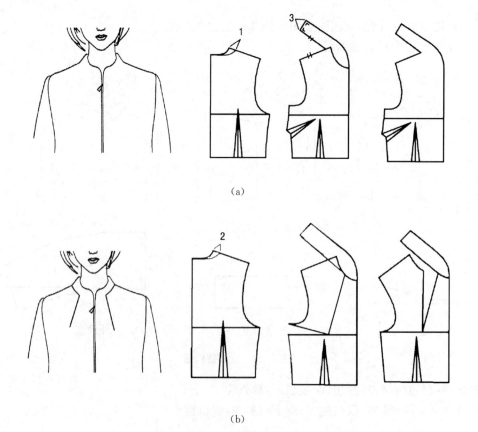

(a)

(b)

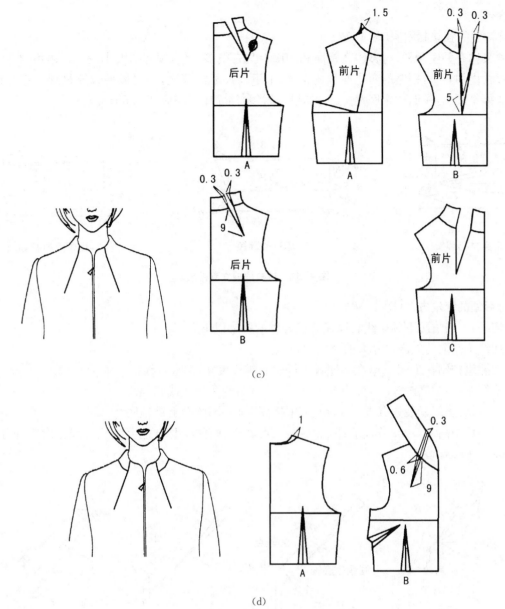

(c)

(d)

图 4-55 连身立领结构图

（三）翻领

关门式翻领俗称关门领，是指穿着时适宜关闭的领型。这类领型大都是由相连的领座与领面共同组成，在关闭穿时具有庄重的气概。在敞开时又具有洒脱大方的风度和美观随意等装饰功能。因此，关门式翻领被广泛地用于春、夏、秋、冬四季服装和各式外衣的配制。

关闭式翻领可分为衬衫领、V 型翻领、U 型翻领、登翻领等（图 4-56）。

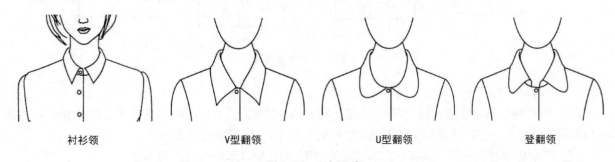

衬衫领　　　　　　V型翻领　　　　　　U型翻领　　　　　　登翻领

图 4-56　翻领分类

1. 衬衫领

（1）衬衫领的独立制图法（图4-57）

衬衫领又称有领座翻领，衬衫领在领面和领座上又有很多变化，领面的大小、长短、领角的造型及装饰可以给衬衫领增加新意，领座的变化亦有宽有窄，上下口尺寸的变化，还可以使领座呈现出抱脖、离脖、适中状态。如果是硬领，领面比领底宽1 cm，如果是软领，领面比领座应宽1.5 cm。

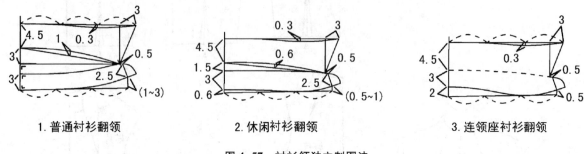

1. 普通衬衫翻领　　　　2. 休闲衬衫翻领　　　　3. 连领座衬衫翻领

图4-57　衬衫领独立制图法

（2）衬衫领的套裁方法（图4-58）

① 作切线，一般情况下领切线右设在前横开领的一半以下。

② 在切线上量取前领围尺寸为前肩点对位点。

③ 后起翘量控制在1～3 cm，在起翘线上量取后领长尺寸，作垂直线。

④ 画下级领：后中高画3 cm，前中线画2.5 cm，然后画顺领底线和领线。

⑤ 画上级领：上级领装领点进0.5 cm，前中抬高1.5 cm，画顺上级领底线。

⑥ 上级领后中高4.5 cm，作垂直线，然后装领点处作垂直线相交，把上级领外线分成三等分，在第一等份降低0.3～0.5 cm。

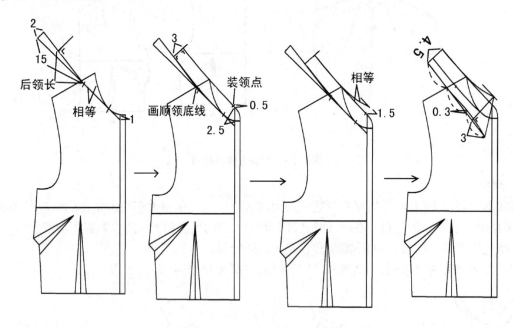

图4-58　衬衫领套裁法

2. V型翻领（图4-59）

（1）V型翻领是指关闭时领口呈V型的翻领，也就是成为翻领的两用领型，该领张开时具有驳领的效果，当关闭时，驳口上上升，使领口呈现V型，这就是V型领与U型领的主要差异。

首先，V型翻领的直开领应掌握宜深不宜浅的原则，而且领口形应以浅圆型为主。

（2）V型翻领套裁法

① 前领深分成二等分，与前领点连成一条直线。

② 画基础圆：取 0.8a＝2.4 cm，以领横起点为圆点作基础圆，然后作基础圆的切线。

取 0.9a＝2.7 cm，作切线的平行线，取 a＋b＝8 cm，作垂直线，倒伏量：2(b－a)＝4 cm 然后与平行线的交点连成一道直线。

③ 画顺翻领领底线，分别取前领和后领的弧长，作垂直线，领尖伸出 3 cm，然后把外领线分成三等分，在第一等份凹下 0.5 cm，画出翻折线 3 cm。

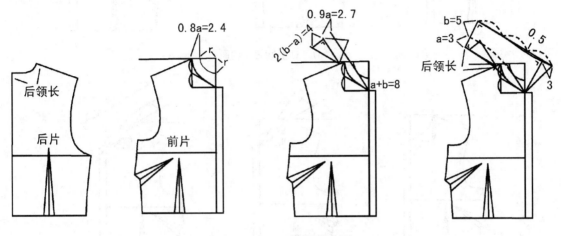

图 4-59　V型翻领结构图

以下几种翻领领型，仅供参考（图 4-60）

注意：后中抬得越高，领面越大，领摆越小。

后中抬得越低，领面越小，领摆就越大。通常领面要盖领摆最少也要盖 1 cm 以上。

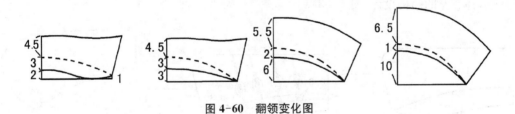

图 4-60　翻领变化图

3. U 型翻领结构设计（套裁法）（图 4-61）

（1）U 型翻领的底线以圆型为主，俗称关门领口。

（2）松斜度要大些。U 型翻领的配领：穿起来成 U 型是与 V 型领的区别。

（3）为了保证该型领口四周平服、合体，其前横领小于后横开领 0.3 cm 为好。

（4）步骤：

① 前领深分成二等分，与前领点连成一条直线。

② 画基础圆：取 0.8a＝2.4 cm 以领横起点为圆点作基础圆，然后作基础圆的切线。

取 0.9a＝2.7 cm，作切线的平行线，取 a＋b＝8 cm 作垂直线，倒伏量：取 3(b－a)＝6 cm，与平行线的交点连成一道直线。

③ 画顺翻领领底线，分别取前领和后领的弧长，作垂直线，领尖伸出 3 cm，然后把外领线分成三等分，在第一等份凹下 0.5 cm，画出翻折线 3 cm。

4. 登翻领的结构设计（图 4-62）

参照 V 翻领的画法，只是前中加 2 cm 做登翻领的高度。

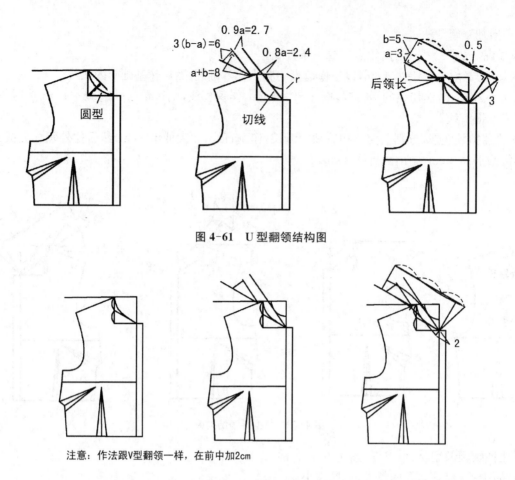

图 4-61　U 型翻领结构图

注意：作法跟V型翻领一样，在前中加2cm

图 4-62　登翻领结构图

5. 翻领分体领座的结构设计(图 4-63)

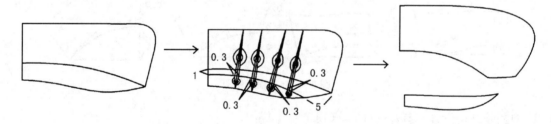

图 4-63　翻领分体领座结构图

四、翻驳领

翻驳领是最富有变化、用途最广、结构最复杂的一种衣领,由于它是由翻领和驳领共同组成,因而,它的结构设计原理与立领、翻折领有许多相同之处。

翻驳领可分为平驳领、戗驳领、青果领(连驳领)、分驳领、弯驳领、叠驳领等(图 4-64)。

1. 平驳领(图 4-65)

平驳领结构设计提示:

(1) 平驳翻驳领画法

① 翻折线:从肩点放出 2(2~2.5)cm,与第一个钮连成一道直线。

② 把前领深分成三等分,第一等份与前中撇了的线连成一道直线。驳头宽:一般可画 8(7~8)cm,与驳领起点连成一道直线,然后分成三等分,在第一等份放出 0.3(0.3~0.5)cm,画顺驳领外口。

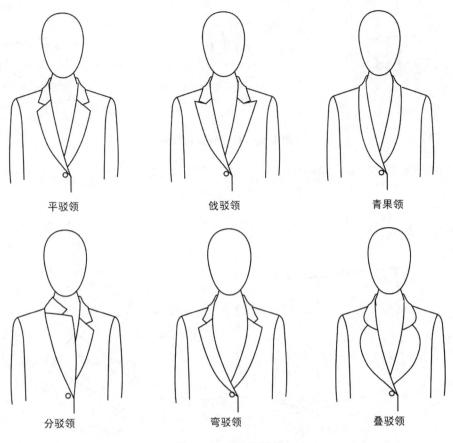

平驳领　　　　　　戗驳领　　　　　　青果领

分驳领　　　　　　弯驳领　　　　　　叠驳领

图 4-64　翻驳领分类

③ 作翻折线的平行线,距离 2.5 cm,再作此线平行线 3.5 cm,量取后领弧长 8.5 cm,从平行线肩线交点开始量,作后领弧长的垂直线,取领中高 7.5(7~7.5)cm,作后中垂直线,画领角,三边长为 4 cm,翻领外线分三等分,在第一份降低 0.5 cm。

④ 领窝点进 0.6(0.6~1)cm,与肩点连成一条直线,与后领中连成一条弧线,在后中作翻折线 2.5(2.5~3)cm。

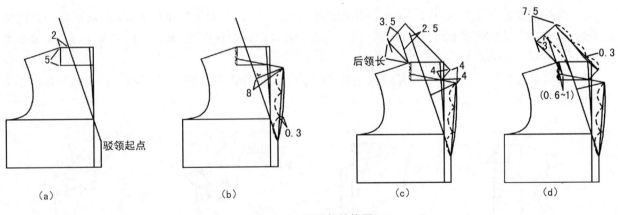

图 4-65　平驳领结构图

(2) 平驳领分体领座画法(图 4-66)

① 离翻折线 1 cm 处破开。

② 在翻折线设三个省,每个省大 0.3 cm。

③ 领面与领底分别合并,然后画顺上、下领座的线条。

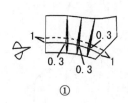

①

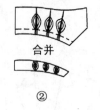

合并

②

领面

领座

③

图 4-66　翻驳领结构制图

（3）平驳领可任意变化的部位（图 4-67）

① 驳领起点。

② 驳头宽窄。

③ 驳口线高低、斜度。

④ 领嘴处。

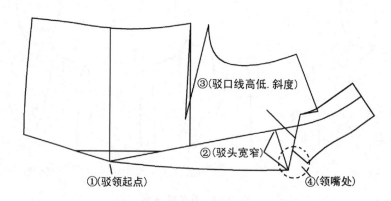

③(驳口线高低. 斜度)

②(驳头宽窄)

①(驳领起点)

④(领嘴处)

图 4-67　平驳领可任意变化部位结构制图

2. 戗驳领（图 4-68）

① 翻折线：从肩点放出 2(2～2.5)cm，与第一个钮连成一道直线。

② 把前领深分成三等分，第一等份与前中撇了的线连成一道直线。驳头宽：一般可画 7.5(7～8)cm，与驳领起点连成一道直线，放出 8 cm，然后分成三等分，在第一等份放出 1(0.5～1)cm，画顺驳领外口。驳领尖与撇进的线连接。

③ 作翻折线的平行线，距离 2.5 cm，再作此线平行线 3.5 cm，量取后领弧长 8.5 cm，从平行线肩线交点开始量，作后领弧长的垂直线，取领中高 7.5(7～7.5)cm，作后中垂直线，画领角离驳领 1 cm，翻领外线分三等分，在第一份降低 0.5 cm。

④ 领窝点进 0.6(0.6～1)cm，与肩点连成一条直线，与后领中连成一条弧线，在后中作翻折线 3(2.5～3)cm。

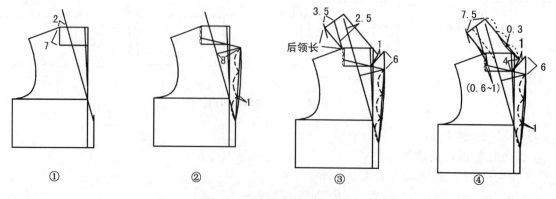

①　　②　　③　　④

图 4-68　枪驳领结构制图

3. 青果领(图 4-69)

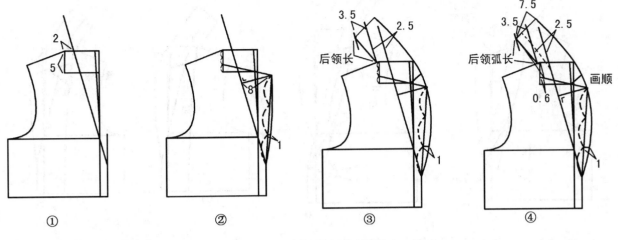

图 4-69 青果领结构制图

① 翻折线:从肩点放出 2(2~2.5)cm,与第一个钮连成一道直线。

② 把前领深分成三等分,第一等份与前中撇了的线连成一道直线。驳头宽:一般可画 8(7~8)cm,与驳领起点连成一道直线,然后分成三等分,在第一等份放出 1(0.5~1)cm,画顺驳领外口。

③ 作翻折线的平行线,距离 2.5 cm,再作此线平行线 3.5 cm,量取后领弧长 8.5 cm,从平行线肩线交点开始量,作后领弧长的垂直线,取领中高 7.5(7~7.5)cm,作后中垂线,然后与驳领连顺。

④ 领窝点进 0.6(0.6~1)cm,与肩点连成一条直线,与后领中连成一条弧线,在后中作翻折线 3(2.5~3)cm。

青果领的配领方法与一般西装领的配领方法相同,但是,青果领的领面与挂面是连在一起的,从图中可以看出衣领装领线与衣片领围线有一段交叉。客观上,既要满足领面与挂面一片连接,又要满足不交叉。

另外,由于领面连挂面较长,对面料要求较高,在实际操作中,可采用拼接的方法来解决,拼接的部位一般在第一与第二粒钮扣之间。

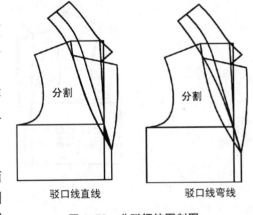

图 4-70 分驳领结图制图

4. 分驳领(图 4-70)

分驳领是指驳领与大身分开的领型,分驳领用途广泛,而且在配领中存在驳口呈现直型和微弯型,凡是直型驳口领型制图中领与驳口间呈互补状,弯型驳口领则在制图中领与驳口间留有空间,无论哪一种领型,连接处都应画顺。

5. 弯驳领(图 4-71)

弯驳领是指驳口线呈弯型的新型领型。弯驳领虽然可以采用分驳领的工艺方法,但是它与分驳领间存在明显的区别,弯驳领驳口线和外线都成圆弯型。

① 画好翻驳领,把驳领领底线画成弯型;在驳领起点作翻折线的垂直线。作驳领领底线的切线。

② 用纸复制驳领底线,翻过来,接到切线两端相等。

③ 驳领领底弧线可短 0.5~1 cm,装领时拔开,领更平服。

④ 驳领领底可用斜纹,翻起来领更加平服。

6. 叠驳领(图 4-72)

叠驳领是近年来随着多层次服式流行而产生的多层次领型,其画图方法与翻驳领方法相仿。

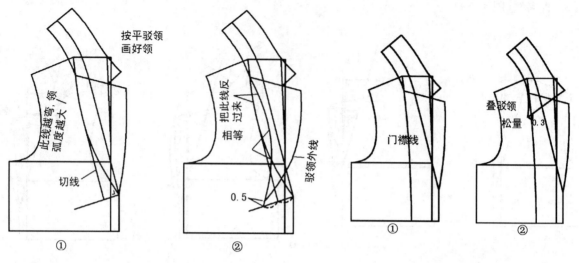

图 4-71　弯驳领结构制图　　　　　　　　图 4-72　叠驳领结构制图

7. 作领底省（图 4-73）

作领底省，一般领面要盖住领底省，领面会伏贴很多。

① 画出领底省的位置。

② 把胸省的一部分转移到领底省中去，一般不超过 1 cm。

③ 由于领底省要用面领盖住，把省放到驳领底，省长作 12 cm 左右。

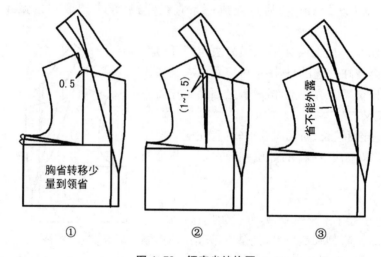

图 4-73　领底省结构图

8. 露肩式翻驳领（图 4-74、图 4-75）

① 后领宽加宽 5 cm，后领深加深 3 cm；前领宽加宽 5 cm，肩点出 0.8a＝2.4 cm，与前领基础领深画弯线；作平行线 0.9a＝2.7 cm；在平行线量取 a＋b＝10 cm，作垂直线，长度 2.5(b－a)＝10 cm，与肩点连成直线。

② 画顺领底弧线，量取前领弧长＋后领弧长，作垂直线，量取后领高 10 cm，作垂直线。

③ 画好领嘴弧线。

9. 坦领（平折领）（图 4-76）

平折领就是无领座或领座在 0～1 cm 范围内变化，如果无领座，那么它的折印线就是领圈的造型线；当领座高于 2 cm 以上时，就不能按此方法配领了，而应该参照翻领的配领方法。

① 把前后片肩缝相叠 2 cm。

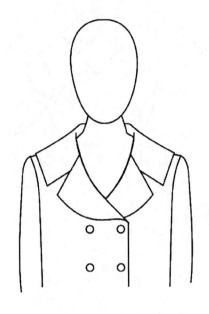
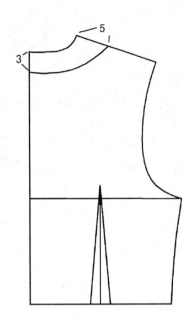

露肩式翻领

图 4-74　露肩式翻驳领结构图

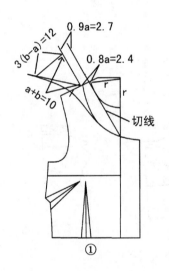
①

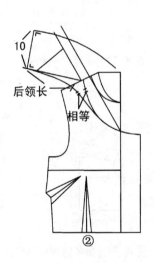
②

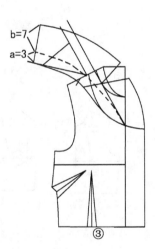
③

图 4-75　露肩式翻领结构图

② 前领深加深 10 cm，画顺领底线。

③ 后领宽作 9 cm，把领外线按领的造型线画好。

10. 垂领

垂领是根据其领线自然下垂呈现皱褶而命名的。

关于垂领的配制：垂领是一种有意识地利用面料的特性（柔软性、悬垂性）和增大前横开领后，形成下垂皱褶状而达到装饰领线的有效方法。

垂领在配领时应注意以下四点：

（1）前后横开领应大于基本口，若横开领开过小，穿着时有不舒服感。

（2）通过省道的转移，获得肩部、领口的皱褶，而皱褶是必不可省的表现形式。

（3）要求用柔软、下垂性强的面料。

（4）有意识增大前横开领，使其有足够的量下垂。

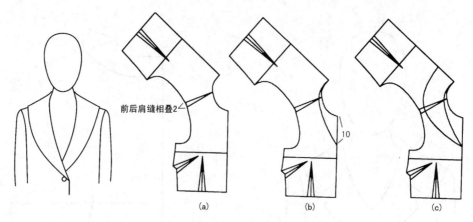

图 4-76　坦领结构图

前后肩缝相叠2

10

(a)　　　(b)　　　(c)

方法一（图4-77）：

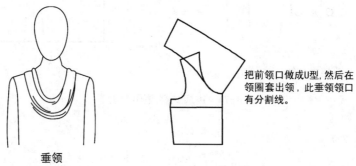

垂领

把前领口做成U型，然后在领圈套出领，此垂领领口有分割线。

图 4-77　垂领结构制图(1)

方法二（图4-78）：

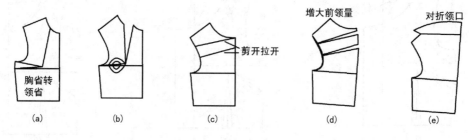

胸省转领省

剪开拉开

增大前领量

对折领口

(a)　　(b)　　(c)　　(d)　　(e)

图 4-78　垂领结构制图(2)

九、袖的结构设计

袖子指上装能遮盖手臂并与衣身的袖窿相连接配套的部件。衣袖虽然没有处于最引人注目的部位，但它在组成服装的整体造型中起着十分重要的作用。

（一）分类

（1）按袖子与衣片相连接的结构特征可分为：连袖、圆装袖、插肩袖、落肩袖等。

（2）根据袖子的长短可分为长袖、中袖（七分袖）、半袖、短袖、盖肩袖、无袖等。

（3）按袖片的数目可分为单片袖、双片袖、三片袖、多片袖等。

（4）按造型可分为灯笼袖、喇叭袖、羊腿袖、泡泡袖、郁金香袖、蝙蝠袖等。

（二）袖山与袖窿

（1）袖山高与袖肥

袖肥随袖山高降低而增大，袖肥与袖山高成反比。

（2）袖山高与服用功能

低袖山,运动功能性优越,但腋下有多余褶;高袖山,在外观上比较贴体,但不好运动,但腋下没有余褶。

（三）袖窿造型的变化

（1）针织紧身衣的袖窿不需要余量。

（2）基本放松量以上的袖窿要余量,而且袖窿要圆顺。

（3）宽松型袖窿能圆顺就圆顺,成枣核型也可以。

（4）圆型的袖窿可与不同高度的袖山相配。

（四）袖子与袖窿

服装的衣袖是衣身部分的袖窿和与之相连接的袖子两部分组成。

1. 袖窿结构

（1）袖窿深:袖窿深的取值与服装的宽松量有关,衣服越宽松,袖窿越深,反之则越浅。袖窿深的大小还直接影响穿着的舒适性,对于西装而言,在成品胸围不变的情况下,袖窿越深,上肢活动越受限制,而随着袖窿深变浅,袖肥增大,上肢活动越舒适。但从审美角度来说:袖窿越深,袖型越立体,腋下堆积的面积越少,穿起来越显得干净利落,造型美观!

（2）袖窿门:袖窿结构中袖窿门指的是胸宽线与背宽线之间的距离,袖窿门的取值大小及位置直接与人体躯干的厚度及形态有关,人体躯干部分的造型大小有五种:①正常体、②扁平体、③圆胖体、④驼背体、⑤挺胸体。在同一条件下,袖窿门的大小及位置会发生如下变化:

（1）正常体:按基本型。

（2）扁平体:扁平体的体型较扁,所以胸宽、背宽相应加大,袖窿相应减少。

（3）圆胖体:圆胖体的体型较为浑厚,所以胸宽、背宽相对减少,袖窿门相应加大。

（4）驼背体:驼背体的背宽较大,胸宽较小,袖窿门前移,且后袖窿深增大,前窿门深变小。

（5）挺胸体:跟上述（4）相反。

（五）冲肩

在结构图中,冲肩指胸围线到肩点之间的水平距离。冲肩的大小、角度取决于肩部的造型及服装式样,肩宽越大则冲肩越大,后冲肩一般来说不超过 1.8 cm(1.2～2)cm,前冲肩比后冲肩大 0.5～1 cm。

（六）袖山吃势的计算及分布

1. 袖山缩位的相关因素

（1）袖窿周长、（2）缝头倒向、（3）衣料厚度、（4）袖斜线斜角、（5）垫肩厚度等。

2. 袖山缩位的分布

袖山缩位的分布是否合理,是袖子成型优劣的重要因素。从理论上来说,不存在斜纱处缩位多些,经纱处缩位少些;袖山缩位与袖山向外弯曲的曲率大小有关。一般认为:袖山线向外曲率越大,缩位越大,反之则越小。

（七）女式时装袖

1. 泡泡袖

（1）合体泡泡袖（图 4-79）

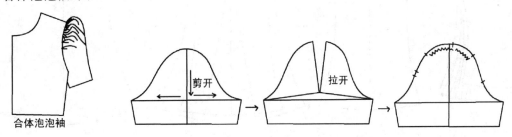

合体泡泡袖

图 4-79　合体泡泡袖结构图

（2）宽松泡泡袖（图 4-80）

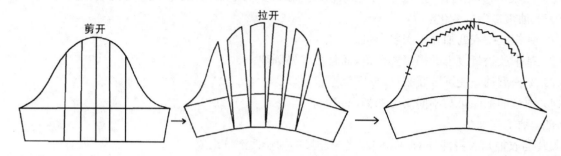

图 4-80　宽松泡泡袖结构图

2. 灯笼袖（图 4-81）

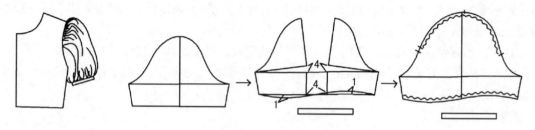

图 4-81　灯笼袖结构图

3. 喇叭袖（图 4-82）

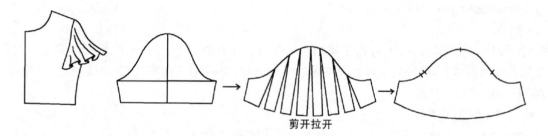

图 4-82　喇叭袖结构图

4. 长袖喇叭袖（图 4-83）

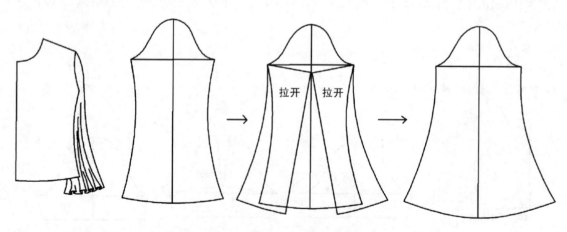

图 4-83　长袖喇叭袖结构图

5. 郁金香袖(图 4-84)

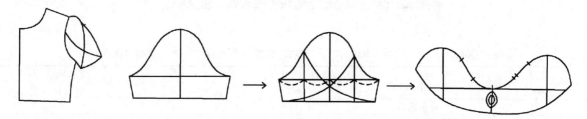

图 4-84 郁金香袖结构图

6. 缩皱袖(图 4-85)

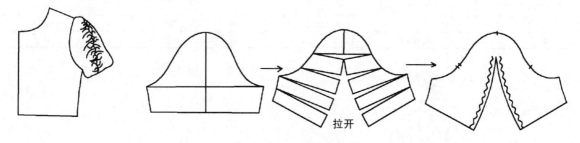

拉开

图 4-85 缩皱袖结构图

7. 露肩袖(图 4-86)

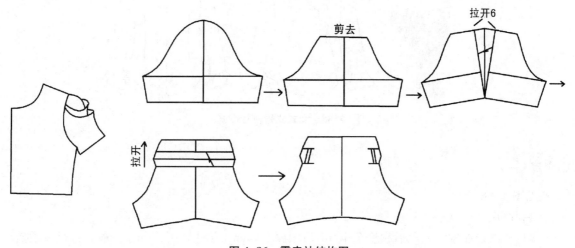

剪去

拉开6

拉开

图 4-86 露肩袖结构图

8. 荷叶袖(图 4-87)

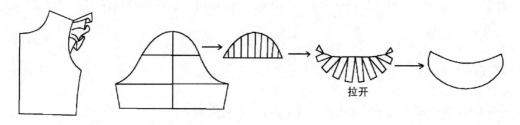

拉开

图 4-87 荷叶袖结构图

第二节 女式立领衬衫的工业制板

客户:XXX	款号:L035	款式:女式立领衬衫		号型:160/84A
部位	度法	纸样尺寸(cm)	成品尺寸(cm)	成品尺寸(英寸)
后中长	后中度	60	59	23-1/4"
肩宽	肩至肩度	39	38.5	15-1/4"
胸围	夹底度	93	92	36-1/4"
袖长	肩顶度	57	56	22"
袖头宽	分割线度	20	19.5	7-3/4"
袖头高	直度	8	8	3-1/8"
领围	扣起度	40	39	15-3/8"
腰围	后中下38 cm度	75	76	30"
摆围	直度	98	97	38-1/4"
领高	后中度	4	4	1-1/2"

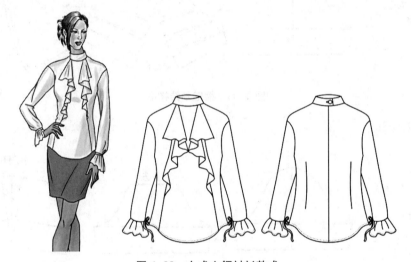

图 4-88 女式立领衬衫款式

制图步骤:

款式见图 4-88。

(一)后片(图 4-89)

(1)画后中线、领平线,量取后领横 7.1 cm,后领深 2.5 cm,肩斜 15:5 cm。一般女衬衫后领横7.1~7.5 cm,后领深 2~2.5 cm。本款领宽加 0.4 cm。

(2)后肩宽:S/2=39/2=19.5 cm。

(3)胸围线:B/6+(6~7)=93/6+(6~7)=22 cm。衬衫胸围线一般控制在 21~23 cm。

(4)腰围线:38 cm。

(5)臀围线 18 cm。

(6)后中长 60 cm。

(7)后 B:B/4−0.5=(93+3)/4−0.5=23.5 cm。

(8)画后夹圈:肩点画入 1.8 cm,找背宽线中点,画顺后夹圈。

(9)分配腰围尺寸:(总 B−总 W)/2=(96−75)/2=10.5 cm。侧缝撇进 1.5 cm,后中撇进 1.5 cm,省道做 3 cm。

（10）分配摆围尺寸：（总摆围－总 B）/2＝（98－96）/2＝1＋1（后中撇量）＝2 cm，摆围前后各放出 1 cm。

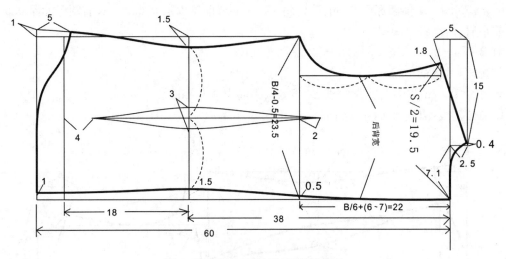

图 4-89 女式立领衬衫后片结构图

（二）后落肩袖（图 4-90）
（1）在后肩点上取 10 cm 做等腰三角形，取中点提高 0.5 cm 画后袖中线，量取袖长 57 cm。
（2）从肩点量取 5 cm 作落肩袖，与后袖窿弧线画顺。
（3）量取袖山高 15 cm，作后袖中线的垂直线，量取后袖窿弧线与后袖山弧线相等。
（4）后袖口：袖口/2＋1＝11 cm，喇叭袖口宽 8 cm。

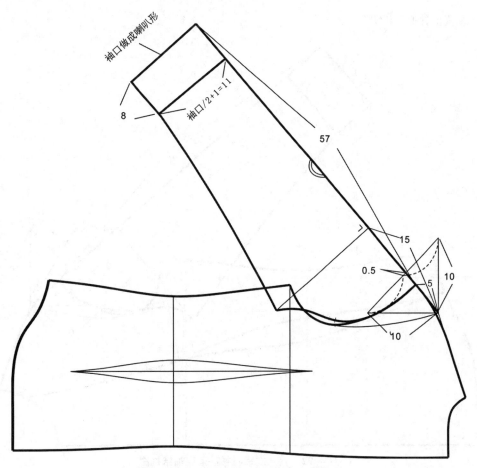

图 4-90 女式立领衬衫后落肩袖结构图

（三）前片(图 4-91)

（1）延长胸围线、腰围线、臀围线、摆围线，上平线比后上平线高 0.5 cm。

（2）前领横 6.9 cm、前领深 7.6 cm;前肩斜 15：6 cm;前领横加宽 0.4 cm,前领深加深 0.5 cm。

（3）前小肩:后小肩−(0.2～0.5) cm。

（4）前 B B/4+0.5＝(93+3)/4+0.5＝24.5 cm。

（5）前胸宽:后背宽−1。

（6）胸省设 3.5 cm 。BP 点:距肩线 24.5 cm、距前中线 9 cm。

（7）作前分割线:前领口 4 cm,腰省 3 cm,下摆 5 cm。

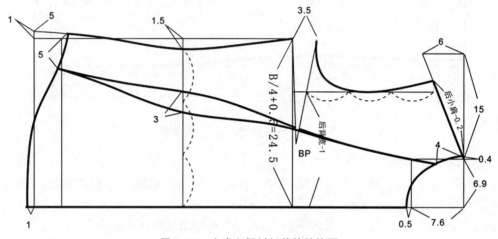

图 4-91　女式立领衬衫前片结构图

（四）前落肩袖(图 4-92)

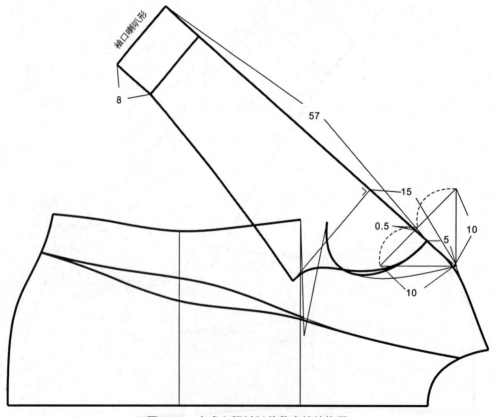

图 4-92　女式立领衬衫前落肩袖结构图

（1）在前肩点上取 10 cm 的等边三角形，取中点降底 0.5 cm 画后袖中线，量取袖长 57 cm。

（2）从前肩点量取 5 cm 作落肩袖，与前袖窿弧线画顺。

（3）量取袖山高 15 cm，作后袖中线的垂直线，量取后袖窿弧线与后袖山弧线相等。

（4）前袖口：袖口/2−1＝9 cm，喇叭袖口宽 8 cm。

（五）前片胸省转移到前分割线（图 4-93）

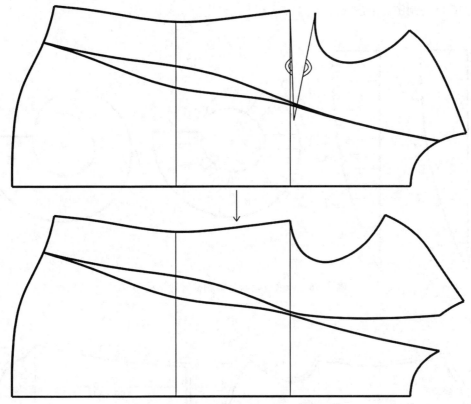

图 4-93　前片胸省转移到前分割线结构图

（六）袖、袖口（图 4-94）

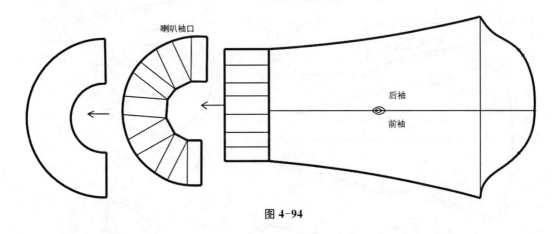

图 4-94

（七）立领制图（图 4-95）

（1）量取前后领围弧长 20.5 cm，把它分成三等分。

（2）前中抬高 1.5~3 cm，抬得越高，抱脖越紧，本款取 2.5 cm。

（3）后领高 4 cm，领嘴 4 cm。

（4）前中对折，后中放出 3 cm 搭位。

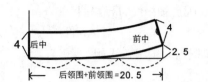
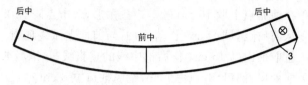

图 4-95　女式立领衬衫立领结构图

（八）前胸荷叶边制图（图 4-96）

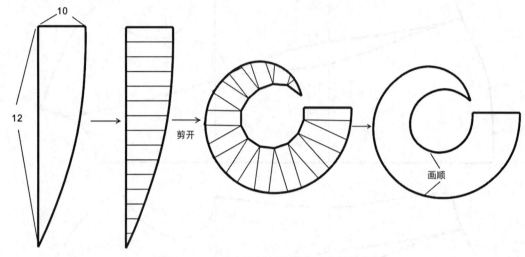

图 4-96　女式立领衬衫前胸荷叶边结构图

（九）缝份（图 4-97）

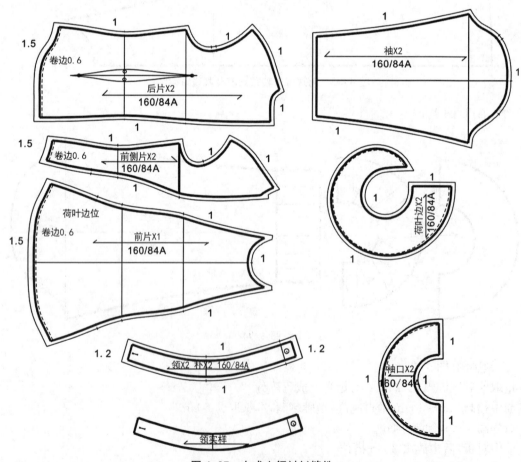

图 4-97　女式立领衬衫缝份

第三节　女式连衣裙的工业制板

客户:×××　　　款号:**L021**　　　款式:**女式连衣裙**　　　号型:160/84A				
部位	度法	纸样尺寸(cm)	成品尺寸(cm)	成品尺寸(英寸)
后中长	后中度	97	96	37-3/4″
肩宽	肩至肩度	36	36	14-1/8″
胸围	袖窿底度	89	88	34-5/8″

图 4-98　女式连衣裙结构图

结构设计提示:

（一）连衣裙款式丰富,其分类方法多种多样,可按松量、造型、腰位、袖子等进行分类。

（1）按造型可分为:X 型(收腰型);H 型(直身型);A 字型(喇叭型);倒梯型。

（2）按松量可分为:紧身型、合身型、宽松型。

（3）按腰位可分为腰部无分割线与腰部分割线式两种。而腰部分割线式可分为:基本腰位型、高腰位型、低腰位型等。

（4）按袖子可分为长袖型、短袖型、无袖型及吊带型等。

（二）尺寸

（1）衣长＝80～130 cm。

（2）B＝净 B＋松量[贴体服装:2～6 cm,合体服装:6～10 cm,宽松服装:＋10 cm 以上,弹力布贴体服装:－(0～6)]。

制图步骤:

款式见图 4-98。

（一）后片(图 4-99)

（1）画后中线、领平线,后领横 7.1 cm,后领深 2.5 cm,后肩斜 15∶5,后领加宽 2 cm 以上,本款加宽 5 cm,后领深加深 1 cm 以上,本款加深 2 cm。

（2）后肩宽：S/2＝36/2＝18 cm。

（3）胸围线：B/6＋(6～7)＝89/6＋(6～7)＝21 cm。连衣裙胸围线控制在 20～22 cm。

（4）腰围线 38 cm，臀围线 18 cm，后中线 97 cm。

（5）后 B＝B/4－0.5＝(89＋1)/4－0.5＝22 cm，其中 1 cm 为后省尖的量。

（6）画袖窿：肩点与胸围线连成一条直线，分三等分，在离袖窿底的第一等分放出 4～4.5 cm，然后画顺袖窿，肩端点处成直角。

（7）摆围：比臀围多 3 cm。裙摆大可以放大些，裙摆小可以放小些。

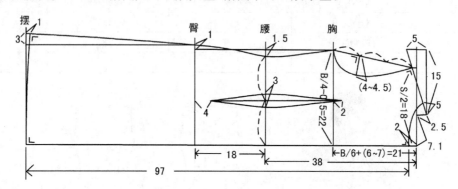

图 4-99　女式连衣裙后片结构图

（二）前片（图 4-100）

（1）拷贝后中线、胸围线、腰围线、臀围线、摆边线。上平线比后上平线多 0.5 cm。

（2）前领横 6.9 cm，前领深 7.6 cm，前肩斜 15∶6。前领横加宽 4.5 cm、前领深加深 5 cm。

（3）前 B：B/4＋0.5＝90/4＋0.5＝23 cm。

（4）前小肩：后小肩－0.2。

（5）前袖窿：肩顶点与胸围线连线，分三等分，在第一等份进 5 cm。

（6）胸省：3.5 cm，BP 点(24.5，9)cm。

（7）腋下省：胸围线下 7 cm。与 BP 点连线，然后合并胸省，把胸省的量转移到腋下省中去，省长缩短 3 cm。合并省道画顺侧缝线。

（8）查摆边、领圈、袖窿是否圆顺。

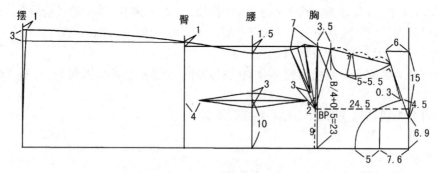

图 4-100　女式连衣裙前片结构图

（三）里布结构图（图 4-101）

实线表示里布，虚线表示面布。

（1）里布比面布短 5 cm。

（2）两侧缝里布比面布大 0.3 cm。

（四）缝份

1. 面布缝份（图 4-102）

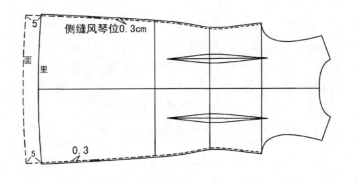

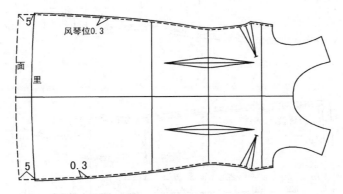

图 4-101　女式连衣裙里布结构图

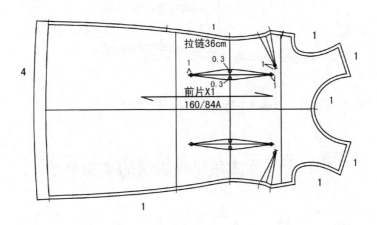

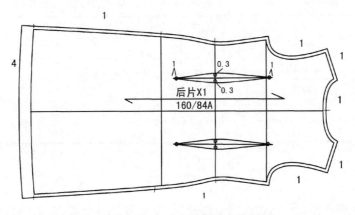

图 4-102　女式连衣裙面布缝份

2. 里布缝份（图 4-103）

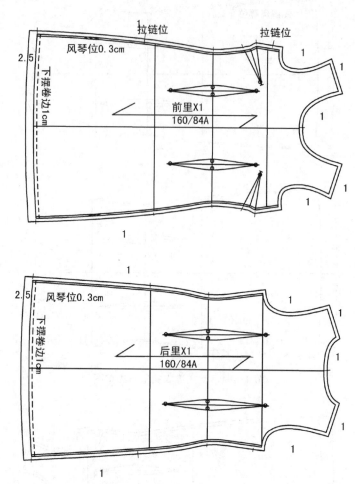

图 4-103　女式连衣裙里布缝份

第四节　女式吊带连衣裙的工业制板

客户：×××　　　款号：L021　　　款式：女式吊带连衣裙　　　号型：160/84A				
部位	度法	纸样尺寸（cm）	成品尺寸（cm）	成品尺寸（英寸）
后中长	后中度	75	74	29-1/8″
肩宽	肩至肩度			
胸围	袖窿底度	88	87	34-1/4″
腰围		71	72	28-3/8″
摆围	直度	106	105	40-1/4″

结构设计提示：

　　此款为女式吊带式连衣裙，后中破缝，后中装拉链，左右各打一个腰省，前胸打碎褶，设腰省。胸围放松量可少些，一般没有弹力的面料放松量为 0～4 cm，弹力面料放松量为负 0～6 cm，视面料弹力大小而决定放松量。出样时可先用基本型定位。款式见图 4-104。

图 4-104　女式吊带裙的款式图

制图步骤：

（一）后片（图 4-105）

（1）后领横：7.1 cm、后领深：2.5 cm、后肩斜：15:5。

（2）胸围线：B/6+（6~7）=21 cm。

（3）腰围线：38 cm。

（4）臀围线：18 cm。

（5）后 B：B/4-0.5=（88+2）/4-0.5=22 cm，其中有 2 cm 为胸围省道的损耗。

（6）后中长：胸围线降低 1 cm 开始量取 75 cm。

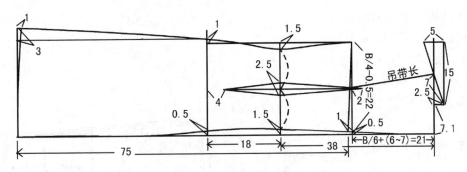

图 4-105　女式吊带裙后片结构图

（二）前片（图 4-106）

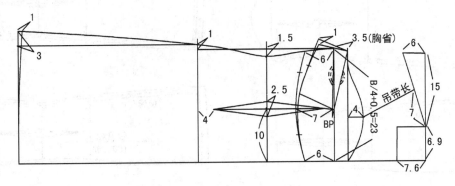

图 4-106　女式吊带裙前片结构图

（1）拷贝前中线、胸围线、腰围线、臀围线、摆边经线，前上平线比后上平线高 0.5 cm。

（2）前领横 6.9 cm、前领深 7.6 cm、肩斜：15∶6。

（3）前 B：B/4＋0.5＝23 cm。

（4）胸省设 3.5 cm，BP 点：肩线下 24.5 cm，距中线 9 cm。

（5）设计胸部分割线：一般在 BP 点下 6 cm 以下。

（6）把胸省的量转移到胸部分割线中去，打好要缩位的对位点。

（三）面布缝份（图 4-107）

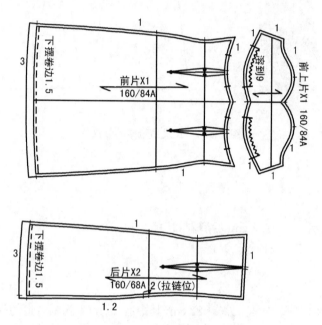

图 4-107　女式吊带裙面布放缝份

（四）里布结构图（图 4-108）

实线表示里布，虚线表示面布。

（1）里布比面布短 5 cm。

（2）两侧缝里布比面布大 0.3 cm。

（五）里布放缝份（图 4-109）

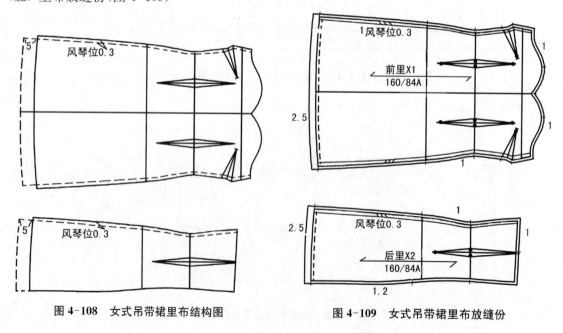

图 4-108　女式吊带裙里布结构图　　　　图 4-109　女式吊带裙里布放缝份

第五节　女式褶裙的工业制板

客户：×××　　　款号：L02　　　款式：女式连衣褶裙　　　号型：160/84A

部位	度法	纸样尺寸(cm)	成品尺寸(cm)	成品尺寸(英寸)
后中长	后中度	92	91	35-3/4″
肩宽	肩至肩度	35	35	14″
胸围	袖隆底度	89	88	34-1/2″
腰围		72	73	29-1/4″
摆围	直度	104	103	40-3/4″

图 4-110　女式褶裙的款式图

款式特点：此款为腰节分割连衣裙，V 字领，侧缝装拉链，腰分割，腰部下部分前后左右各打一个工字褶。下摆卷边压线。款式见图 4-110。

制图步骤：

（一）后片（图 4-111）

（1）后领横 7.1 cm、后领深 2.5 cm、肩斜 15∶5，后领横加宽 3 cm（有规定按照客户的规定）、后领深加深 2 cm（有规定按照客户的规定）。

（2）后肩宽：S/2＝17.5 cm。

（3）胸围线：B/6＋(6～7)＝21 cm，一般控制在 20～22 cm 之间。

（4）腰围线：38 cm。

（5）后中裙长：裙长＋1(后中分割线除去的量)＝92＋1＝93 cm。

（6）后 B：B/4－0.5＝(89＋1)/4－0.5＝22 cm。

（7）腰围尺寸分配：B/2－W/2＝90/2－72/2＝9 cm，后腰省分配 3 cm，前腰省分配 3 cm，前、后侧缝各 1.5 cm。

（8）摆围分配：后 B＋3.5＝25.5 cm，(摆围/2－B/2)＝(104/2－90/2)＝7 cm，然后前加 3.5 cm，后加 3.5 cm。

（9）后片褶结构图（图 4-112）

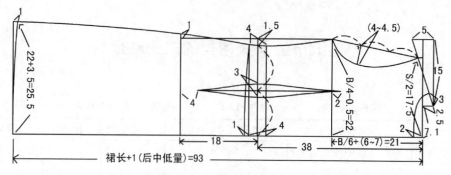

图 4-111 女式褶裙的后片结构图

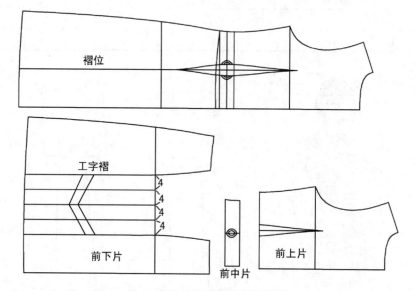

图 4-112 女式褶裙后褶结构图

（二）前片（图 4-113）

（1）前上平线比后上平线高 0.5 cm。

（2）前领横 6.9 cm、前领深 7.6 cm 肩斜 15:6，前领横加宽 3 cm、前领深加深 12 cm。

（3）前小肩：前小肩=后小肩-0.2 cm。

（4）前 B：B/4+0.5=23 cm。

（5）胸省 3.5 cm、BP 点：距肩 24.5 cm、距中 9 cm。

（6）设定腰部分割：把胸省和腰省转到腋下省中去。侧缝 1.5 cm，前省 3 cm。

（7）摆围：前 B+3.5=26.5 cm，（摆围/2-B/2）=104/2-90/2=7 cm，然后前加 3.5 cm，后加 3.5 cm。

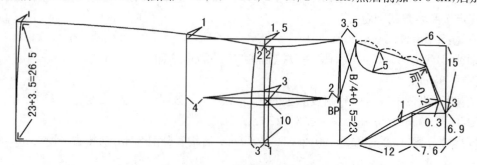

图 4-113 女式褶裙前片结构图

（8）前片褶结构图（图 4-114）

（三）面布缝份（图 4-115）

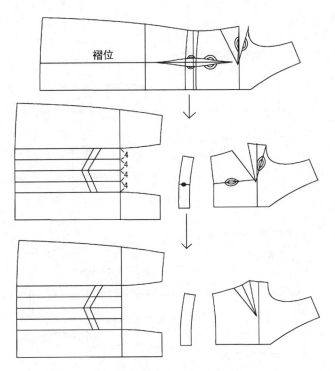

图 4-114　女式褶裙前片褶结构图

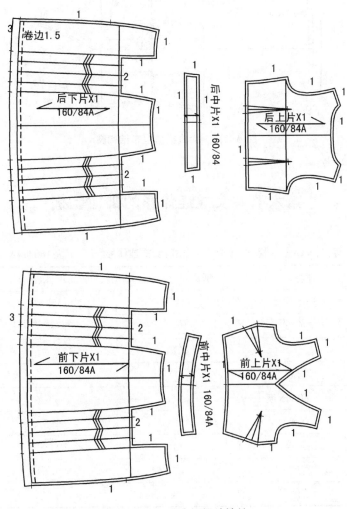

图 4-115　女式褶裙放缝份

（四）里布结构图（图 4-116）

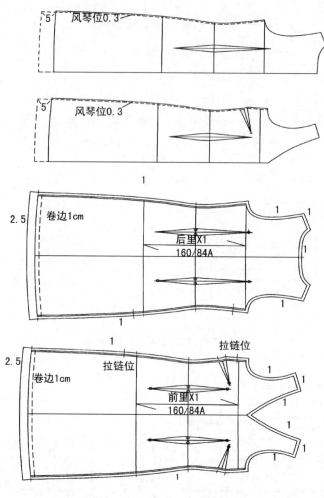

图 4-116　女式褶裙里布结构图

第六节　女式连体衫的工业制板

客户：XXX　　　款号：L087　　　款式：女式连体衫　　　号型：160/84A

部位	度法	纸样尺寸(cm)	成品尺寸(cm)	成品尺寸(英寸)
前长	不连吊带度	127	126	49-5/8″
胸围	夹底度	97	96	37-3/4″
腰围		91	90	35-1/2″
臀围	拉开度	101	100	39-3/8″
膝围	浪下 30 cm 度	54	53	20-7/8″
摆围	直度	52	51.5	20″
侧袋	肩顶度	14	14	5-1/2″
袖长	直度	40	39.5	15-3/4″
袖口围	直度	38	38	15″

制图步骤：

款式见图 4-117。

（一）前片（图 4-118）

（1）画出女式上衣前片原型。

（2）前 B：$B/4+0.5=97/4+0.5=24.75$ m。

（3）前 W：$W/4=91/4=22.75$。

（4）腰围线：40.5 cm。

（5）臀围线：18 cm。

（6）前 H：$H/4-1=102/4-1=24.5$ cm。

（7）前膝：$(膝-4)/4=(54-4)/4=12.5$ cm。

（8）前摆：$(摆围-4)/4=(52-4)/4=12$ cm。

（9）前长：127 cm。

（10）袖口围$/2-1=18$ cm。

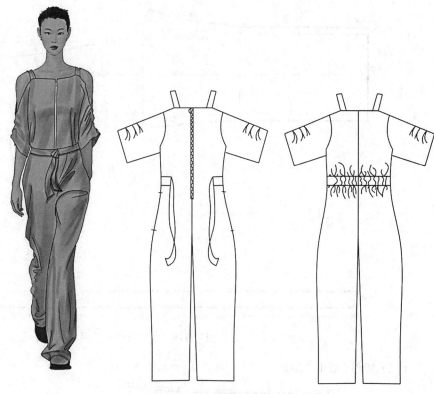

图 4-117 女式连体衫款式图

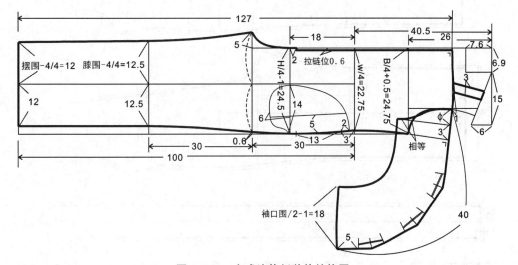

图 4-118 女式连体衫前片结构图

（二）后片（图 4-119）

（1）画出女式上衣后片原型。

（2）后 B：$B/4-0.5=97/4-0.5=23.75$ cm 。

（3）后 W：$W/4=91/4=22.75$ cm。

（4）后 H：$H/4+1=102/4+1=26.5$ cm。

（5）胸围线：$B/6+(6\sim7)=24.5$ cm。宽松服装胸围线一般控制在 $23\sim25$ cm。

（6）腰围线：39 cm。

（7）袖口：袖口围$/2+1=38/2+1=20$ cm。

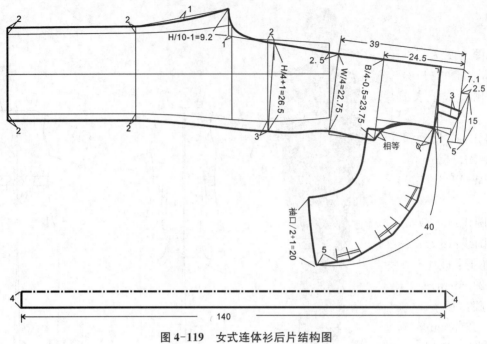

图 4-119　女式连体衫后片结构图

（三）缝份（图 4-120）

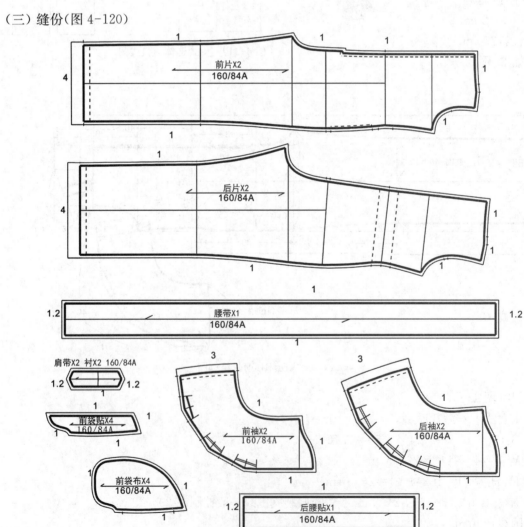

图 4-120　女式连体衫缝份

第七节 女式旗袍的工业制板

客户：××× 款号：**L023** 款式：**女式旗袍** 号型：**160/84A**

部位	度法	纸样尺寸(cm)	成品尺寸(cm)	成品尺寸(英寸)
后中长	后中度	93	92	36-1/4″
肩宽	肩至肩度	37	36.5	14-3/8″
胸围	袖窿底度	88	87	34-1/4″
腰围		69	70	27-5/8″
臀围		93	92	36-1/4″
袖长	肩顶度	16	15.5	6-1/8″
领围		39	38	15″
后领高	后中度	3.5	3.5	1-3/8″
袖口		30	29.5	11-5/8″

制图步骤：

款式见图 4-121。

（一）后片（图 4-122）

（1）前领横：7.1 cm，后领深：2.5 cm，肩斜：15:5，后领横一般控制在 7.1～7.5 cm、后领深一般控制在 2～2.5 cm，本款后领横加宽 0.2 cm。

（2）后肩宽：S/2＝18.5 cm。

（3）胸围线：B/6＋(6～7)＝21 cm。后冲肩 1.8 cm。后冲肩一般控制在 1.5～2 cm。

（4）腰围线：38 cm。

（5）臀围线：18 cm。

（6）后中长：93 cm。

（7）后 B：B/4－0.5＝22 cm。

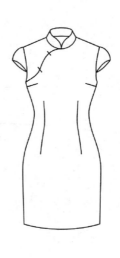
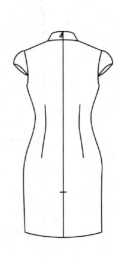

图 4-121 女式旗袍的款式图

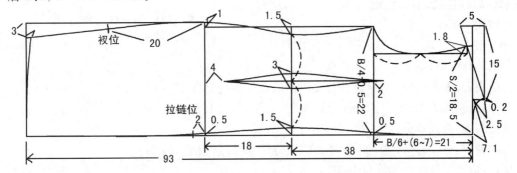

图 4-122 女式旗袍后片结构图

(8) 腰围尺寸分配:B/2—W/2＝10.5 cm,后中 1.5 cm、省道 3 cm、侧缝 1.5 cm。

(9) 臀围尺寸分配:H/2—B/2＝1.5 cm,后中撇 0.5 cm。前后臀围各加 1 cm。

(10) 摆围比臀围一般小 2～6 cm,本款小 3 cm。

(二) 前片(图 4-123)

(1) 上平线比后上平线高 0.5 cm,前领横 6.9 cm,前领深 7.6 cm,前肩斜 15∶6,前肩宽加宽 0.2 cm,前领深加深 0.4 cm。

(2) 前小肩:后小肩—0.2 cm。

(3) 前 B:B/4+0.5＝23 cm。

(4) 前胸宽:后背宽—1＝16.7—1＝15.7 cm。

(5) 前 W:腰围侧缝撇 1.5 cm,省道 3 cm。

(6) 前 H:侧缝加 1 cm。

(7) 前摆:一般旗袍的摆围比臀围小 2～6 cm,本款小 3 cm。

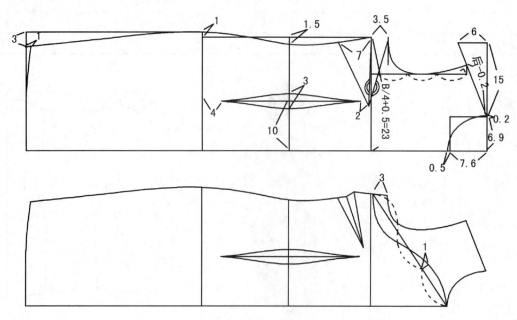

图 4-123 女式旗袍前片结构图

(三) 领:独立制图法(图 4-124)

(1) 量取前领围和后领围的尺寸,经测量为 19.5 cm,然后分成三等分。

(2) 前中起翘 1～3 cm,起翘越高,抱脖越紧,起翘越低,离脖越松,本款起翘 2 cm。

(3) 后领高 3.5 cm。

图 4-124 女式旗袍领结构图

(四) 袖(图 4-125)

(1) 量取 AH＝43 cm。

(2) 袖山高:AH/3+(0～1)＝15 cm,旗袍袖山高一般控制在 13～15 cm。

(3) 前袖斜线:AH/2—0.5＝21 cm,后袖斜线:AH/2＝21.5 cm。

(4) 前袖斜线:分四等分。

(5) 后袖斜线:分三等分,第一等份再分二等分,数值控制如图 4-125。

(6) 袖口:取袖肥线中点为袖口中点。

(7) 1/2 袖口:袖口/2＝30/2＝15 cm。

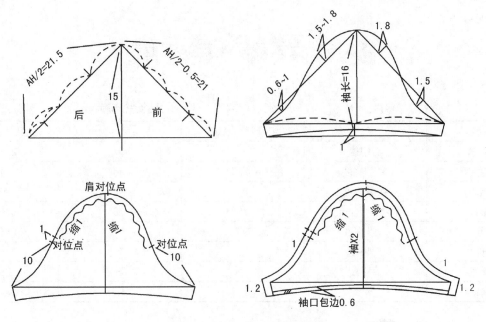

图 4-125　女式旗袍袖结构图

（五）缝份（图 4-126）

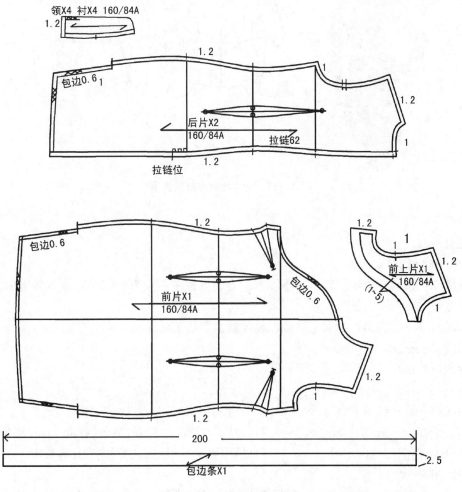

图 4-126　女式旗袍放缝份

第八节 女式翻领外套的工业制板

客户：×××　　款号：L0234　　款式：女式翻领衫　　号型：160/84A

部位	度法	纸样尺寸(cm)	成品尺寸(cm)	成品尺寸(英寸)
后中长	后中度	58	57	22-1/2″
肩宽	肩至肩度	38.5	38	15″
胸围	袖窿底度	93	92	36-1/4″
腰围	后中下38 cm度	77	78	30-3/4″
摆围	直度	98	97	38-1/4″
袖长	肩顶度	58	57	22-1/2″
后领高	后中度	8	8	3-1/4″
袖口	直度	25	24	9-1/2″

图 4-127　女式翻领外套款式图

制图步骤：

款式见图 4-127。

（一）后片（图 4-128）

（1）后领横 7.1 cm，后领深 2.5 cm，肩斜 15:5，套装后领横一般 7.5～8 cm，本款领横加宽 0.9 cm。

（2）后肩宽：S/2＝19.25 cm。

（3）胸围线：B/6＋(6～7)＝22 cm，套装一般控制在 21～23 cm。

（4）腰围线：38 cm。

（5）臀围线：18 cm。

（6）后中长：58 cm。

（7）后 B：B/4－0.5＝(93＋3)/4－0.5＝23.5 cm。

（8）腰围分配：B/2－W/2＝48－38.5＝9.5 cm. 后中分配：1.5 cm，前、后省道 3 cm，侧缝 1 cm。

（9）摆围分配：摆围/2－B/2＝49－48＝1＋1(后中撇量)＝2 cm，摆围前后片各放出 1 cm。

（二）前片（图 4-129）

（1）前上平线比后上平线高 0.5 cm，前领横 6.9 cm，前领深 7.6 cm，前肩斜 15:6，前肩宽加宽0.9 cm，前领深加深 1 cm。

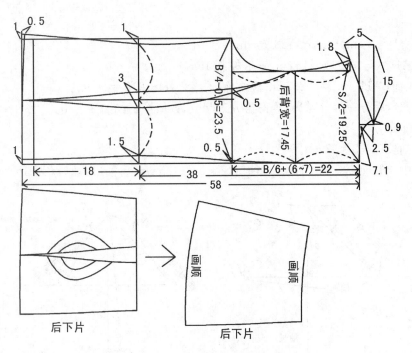

图 4-128　女式翻领外套后片结构图

（2）前小肩：后小肩－(0.2～0.5)cm＝12.5－0.2＝12.3 cm。

（3）前 B：B/4＋0.5＝24.5 cm。

（4）前胸宽：后胸宽－1＝17.45－1＝16.45 cm。

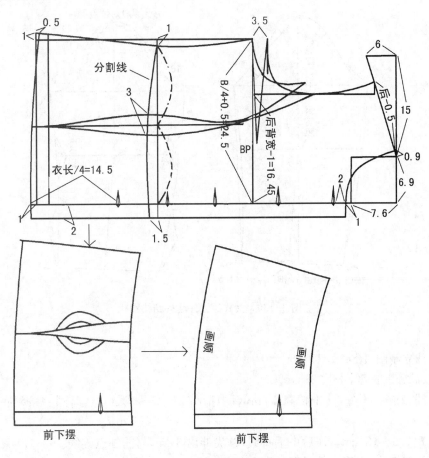

图 4-129　女式翻领外套前片结构图

（三）袖（图 4-130）

(1) 量取前 AH＝23 cm，后 AH＝23.5 cm。

(2) 袖山高：AH/3＋(0～1)＝16 cm，一般控制 15～17 cm。

(3) 前袖斜线：前 AH－0.5＝22.5 cm，后袖斜线：后 AH＋0.5＝24 cm。

(4) 前分四等分，后分三等分，第一等份再分二等分，数值控制如图 4-130。

(5) 袖长：58 cm。

(6) 袖肘线：袖长/2＋3＝32 cm。

(7) 袖口：袖中线偏前 2.5 cm；前袖口：袖口/2－1＝11.5 cm；后袖口：袖口/2＋1＝13.5 cm。

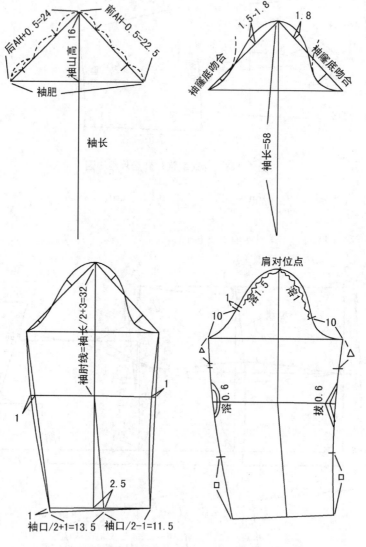

图 4-130　女式翻领外套袖结构图

（四）领

1. 方法一：独立制图（图 4-131）

(1) 量取前、后领围长度，本款 21 cm。

(2) 把领底线分成三等分，前中抬高 1 cm，后中抬高 2(1.5～3) cm，然后画一条领底弧线，后中画成直角。

(3) 后领高 8(7.5～12) cm。作后中垂直线，领尖伸出 3 cm，与前领点连线。

(4) 领外长分三等分，在第一等份凹 0.3～0.5 cm。

(5) 作翻折线 3(2.5～3.5)cm。

2. 方法二：套裁法(图 4-132)

(1) 把前领深分成三等分，与前领点连成一条直线，也就是把前领围画成浅圆形。

(2) 画基础圆：取 0.8a=0.8×3=2.4 cm，作基础圆，然后作基础圆的切线，切线不能超过前领横的一半，否则前面抱脖太紧，前领重合越多，抱脖越紧，重合越少，离脖越松。

(3) 取 0.9a=0.9×3=2.7 cm，作切线的平行线。

(4) 在切线的平行线上取 a+b=8 cm，然后做垂直线，在垂直线上取 2(b-a)=2×2=4 cm，与平行线交点连成一条直线。

(5) 画顺翻领领底线，分别取前领弧长和后领弧长，作垂直线，取后领高 8 cm 作后领的垂直线，领尖伸出 3 cm，把领尖画成圆形。

(6) 画翻折线 3 cm，翻折线一般控制在 2.5～3.5 cm。

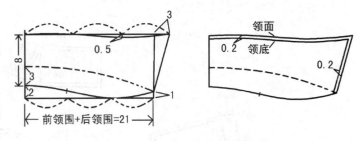

图 4-131　女式翻领外套领结构图

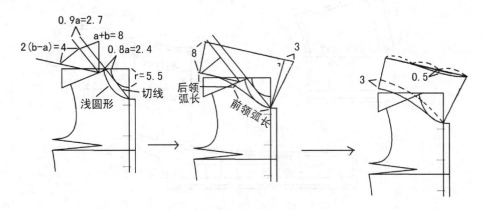

图 4-132　女式翻领外套领套裁结构图

（五）门襟、后领贴、袖里的结构图(图 4-133)

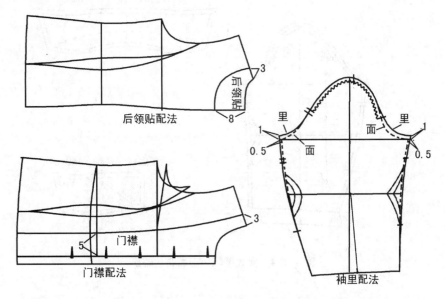

图 4-133　女式翻领外套门襟、后领贴、袖里的结构图

（六）面布缝份（图 4-134）

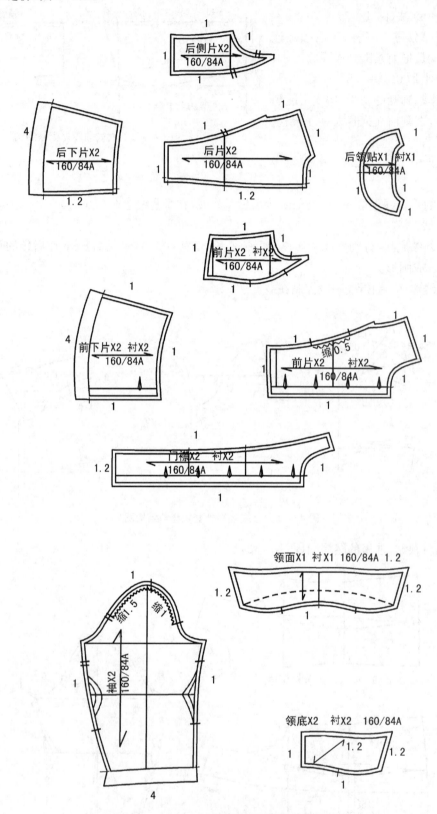

图 4-134　女式翻领外套面布放缝份

（七）里布放缝份(图 4-135)

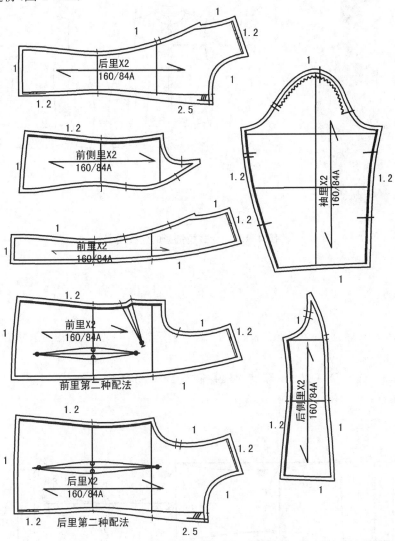

图 4-135　女式翻领外套里布放缝份

第九节　女式拉链衫的工业制板

客户：×××　　　　款号：L025　　　　款式：女式拉链衫　　　号型：160/84A

部位	度法	纸样尺寸(cm)	成品尺寸(cm)	成品尺寸(英)
后中长	后中度	53	52	20-1/2″
肩宽	肩至肩度	38	37.5	14-3/4″
胸围	袖窿底度	91	90	35-1/2″
腰围		78	79	30-1/8″
摆围	直度	98	97	38-1/4″
袖长	肩顶度	58	57	22-1/2″
后领高	后中度	4	4	1-1/2″
袖口	直度	24	23	9-1/8″

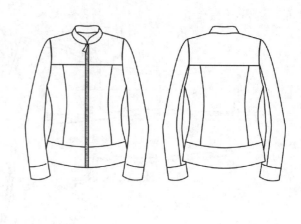

图 4-136　女式拉链衫的款式图

制图步骤：

款式见图 4-136。

（一）后片（图 4-137）

（1）后领横：7.1 cm，后领深：2.5 cm，肩斜：15：5，套装后领横一般 7.5～8 cm，本款领横加宽 1 cm。

（2）后肩宽：S/2＝19 cm。

（3）胸围线：B/6＋（6～7）＝22 cm，套装一般控制在 21～23 cm。

（4）腰围线：38 cm。

（5）臀围线：18 cm。

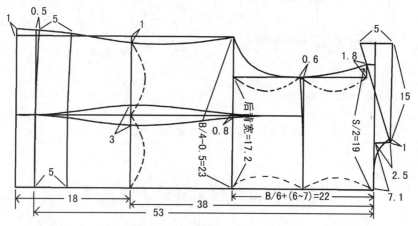

图 4-137　女式拉链衫后片结构图

（6）后中长：53 cm。

（7）后 B：B/4－0.5＝（91＋3）/4－0.5＝23 cm。其中 3 cm 为省道的损耗。

（二）前片（图 4-138）

（1）前上平线比后上平线低 0.5 cm。前领横：6.9 cm，前领深：7.6 cm，前肩斜：15：6，前肩宽加宽 1 cm，前领深加深 1 cm。

（2）前小肩：后小肩－（0.2～0.5）cm＝11.9－0.2＝11.7 cm。

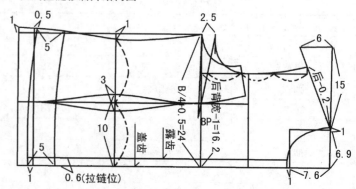

图 4-138　女式拉链衫前片结构图

(3) 前 B:B/4+0.5=24 cm。

(4) 前胸宽:后胸宽-1=17.2-1=16.2 cm。

(三)袖(图 4-139)

(1) 量取 AH=45.5 cm(前 AH:22.5 cm 后 AH:23 cm)。

(2) 袖山高:AH/3+(0~1)=16 cm,一般控制 15~17 cm。

(3) 前袖斜线:前 AH-0.5=22 cm;后袖斜线:后 AH+0.5=23.5 cm。

(4) 前 AH 分四等分,后 AH 分三等分,第一等份再分二等分。数值控制如图 4-139。

(5) 袖长:58 cm。

(6) 袖肘线:袖长/2+3=32 cm。

(7) 袖中线偏前 2.5 cm。

(8) 前袖口:袖口/2-1=11 cm,后袖口:袖口/2+1=13 cm。

(9) 画后袖缝:找后袖肥线中点、后袖肘线中点、后袖口线中点连线。

(10) 画后袖肘省:袖肘线下 5 cm,量取前袖缝线与后袖缝线长的差数为袖肘省的量,然后合并后袖肘省,把后袖肘省转到后侧缝中去。

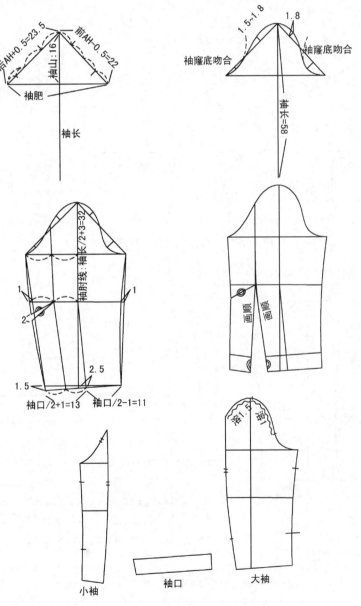

图 4-139 女式拉链衫袖的结构图

（四）领

1. 领：独立制图（图 4-140）

（1）量取前后领围长度，本款 20 cm。

（2）把领底线分成三等分，前中抬高 2 cm，前中抬高一般控制 1.5～3 cm，然后画成一条弧线，后中成直角。

（3）前中作弧线的垂直线。

（4）后领高 4 cm，作后中垂直线，前中画成圆角。

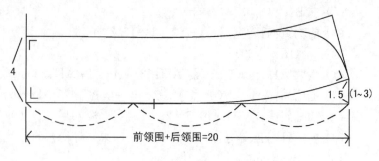

图 4-140　女式拉链衫领独立制图法结构图

2. 领：套裁法（图 4-141）

（1）作切线：一般情况下，领切线越靠近上限，装领线与领窝重合的部分越多，成型后的立领前抱颈越紧，一般情况下可设前横开领 1/2 以下。

（2）确定领肩对位点。

（3）作出领圈长度：15：（1～3）cm，然后画顺。

（4）作后领高、领外围线和前中线。

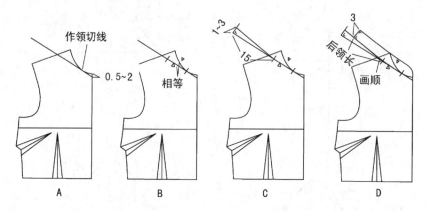

图 4-141　女式拉链衫领套裁法结构图

（五）门襟、领贴、袖里的结构图（图 4-142）

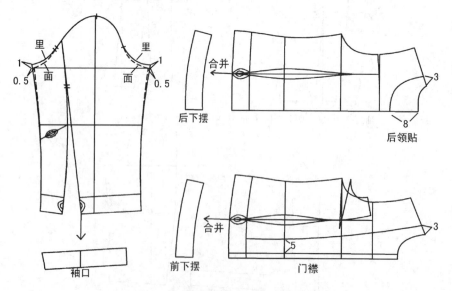

图 4-142　女式拉链衫门襟、领贴、袖里的结构图

（六）面布放缝份（图 4-143）

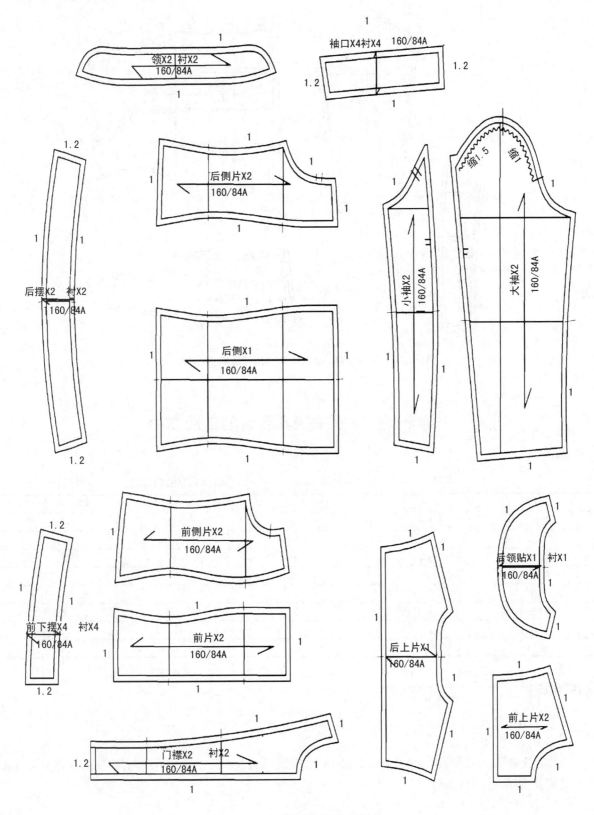

图 4-143　女式拉链衫面布放缝份

（七）里布放缝份（图 4-144）

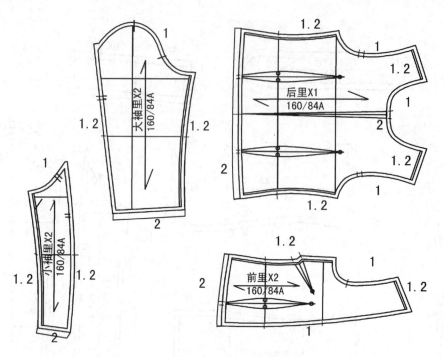

图 4-144　女式拉链衫里布放缝份

客户：×××　　　　款号：L026　　　　款式：女式平驳领西装　　　　号型：160/84A

部位	度法	纸样尺寸(cm)	成品尺寸(cm)	成品尺寸(英寸)
后中长	后中度	53	52	20-1/2″
肩宽	肩至肩度	38	37.5	14-3/4″
胸围	袖窿底度	91	90	35-1/2″
腰围		75	76	30″
摆围	直度	96	95	37-1/2″
袖长	肩顶度	58	57	22-1/2″
后领高	后中度	7.5	7.5	1-1/2″
袖口	直度	24	23	9-1/8″

制图步骤：

款式见图 4-145。

（一）后片（图 4-146）

（1）后领横 7.1 cm，后领深 2.5 cm，肩斜 15:5，套装后领横一般 7.5～8 cm，本款领横加宽 0.5 cm（客户有规定就按照客户的规定）。

（2）后肩宽：S/2=19 cm。

（3）胸围线：B/6+(6～7)=22.5 cm，套装一般控制在 21～23 cm。

（4）腰围线：38 cm。

（5）臀围线：18 cm。

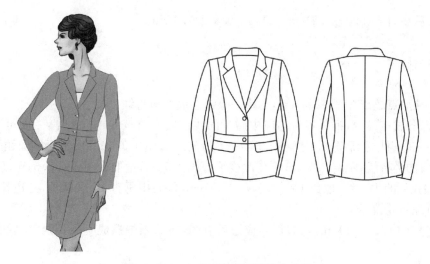

图 4-145　女式平驳领西装的款式图

（6）后中长：53 cm。

（7）后 B：B/4−0.5=(91+3)/4−0.5=23 cm，其中 3 cm 为分割线空间的损耗。

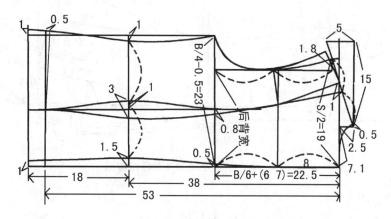

图 4-146　女式平驳领西装后片结构图

（二）前片（图 4-147）

（1）上平线比后上平线高 0.5 cm，前中撇胸 0～1 cm，前领横 6.9 cm，前肩斜 15：6，前领横加宽 0.5 cm，前领深加深：B/10−(4～5)=5 cm，翻驳领的前领深可以变化。

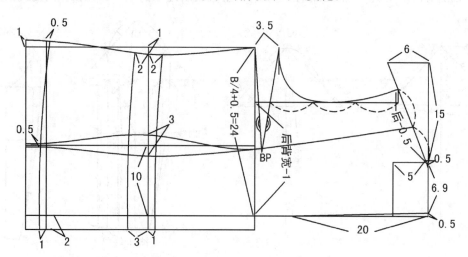

图 4-147　女式平驳领西装前片结构图

(2) 前小肩：后小肩－(0.2~0.5)cm＝11.9－0.5＝11.4 cm。

(3) 前B：B/4＋0.5＝24 cm。

(4) 前胸宽：后胸宽－1＝17.2－1＝16.2 cm。

（三）领（图 4-148）

(1) 翻折线：从肩点放出 2(2~2.5)cm，与第一个钮连成一道直线。

(2) 把前领深分成三等分，第一等份与前中撇了的线连成一道直线。驳头宽：一般可画 8(7~8)cm，与驳领起点连成一道直线，然后分成三等分，在第一等份放出 0.3(0.3~0.5)cm，画顺驳领外口。

(3) 作翻折线的平行线，距离 2.5 cm，再作此线平行线 3.5 cm，量取后领弧长 8.5 cm，从平行线肩线交点开始量，作后领弧长的垂直线，取领中高 7.5(7~7.5)cm，作后中垂直线，画领角，三边长为 4 cm.，翻领外线分三等分，在第一份降低 0.5 cm。

(4) 领窝点进 0.6(0.6~1)cm，与肩点连成一条直线，与后领中连成一条弧线，在后中作翻折线 2.5 (2.5~3)cm。

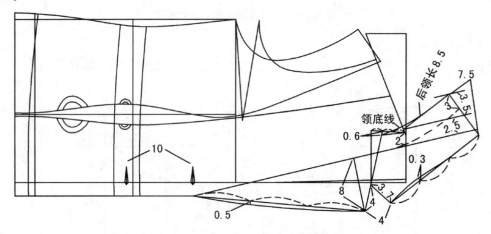

图 4-148　女式平驳领外套领结构图

（四）袖（二片袖）（图 4-149）

(1) 量取 AH＝46.5 cm（前 AH：23 cm　后 AH：23.5 cm）。

(2) 袖山高：AH/3＋(0~1)＝16 cm，一般控制在 15~17 cm。

(3) 前袖斜线：前 AH－0.5＝22.5 cm，后袖斜线：后 AH＋0.5＝24 cm。

(4) 前 AH 分成四等分，后 AH 分成三等分，第一等份再分成二等分，数值控制如图 4-149。

(5) 把前袖肥分成二等分，作袖肥线的垂直线，在垂直线两边平衡画 3 cm 的线，高度到袖弧线。

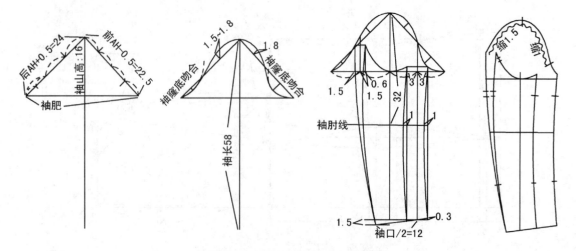

图 4-149　女式平驳领西装袖结构图

（6）把后袖肥分成二等分，作袖肥线的垂直线，在垂直线两边各画 1.5 cm 的线，高度到袖弧线。然后把小袖弧线画出来。

（7）袖缩位：化纤面料 2 cm 左右；毛涤混纺面料 2.5 cm 左右；毛呢面料 3 cm 左右。

（8）袖长：58 cm，袖肘：袖长/2+3＝32 cm，1/2 袖口：袖口/2＝24/2＝12 cm。

（9）画顺袖缝。

（五）零配件结构图（图 4-150）

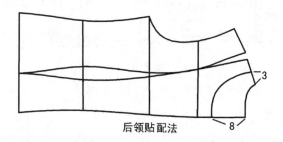

后领贴配法

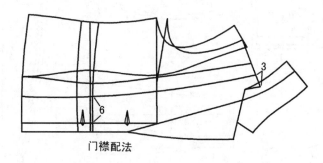

门襟配法

领里配法

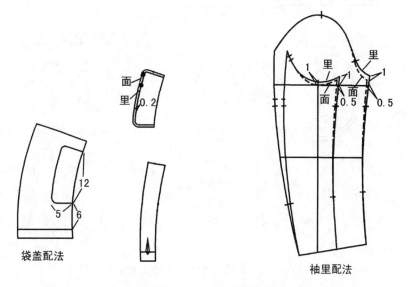

袋盖配法　　　　　　　　　　　　　　袖里配法

图 4-150　女式平驳领西装零配件结构图

（六）面布放缝份（图4-151）

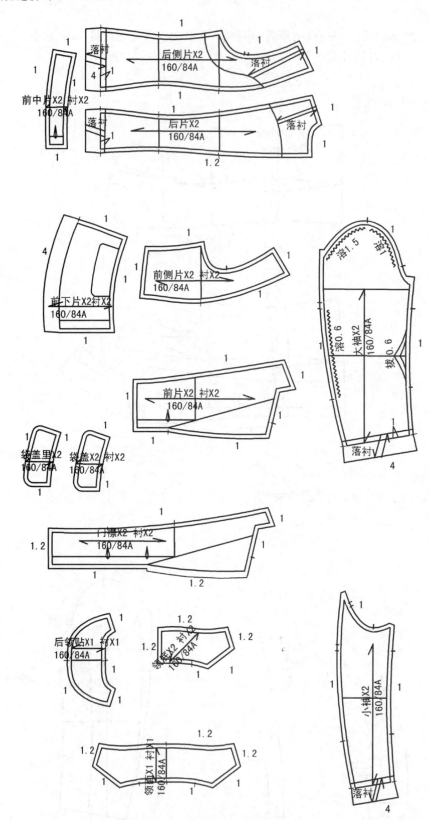

图4-151　女式平驳领西装面布放缝份

（七）里布放缝份（图 4-152）

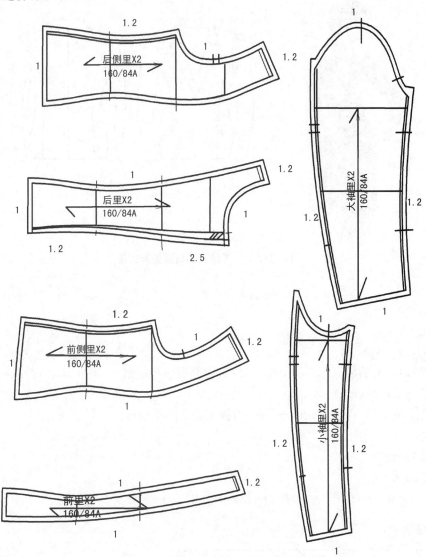

图 4-152　女式平驳领西装里布放缝份

第十一节　女式戗驳领西装的工业制板

客户：×××　　款号：L027　　款式：女式枪驳领西装　　号型：160/84A

部位	度法	纸样尺寸(cm)	成品尺寸(cm)	成品尺寸(英寸)
后中长	后中度	53	52	20-1/2″
肩宽	肩至肩度	38	37.5	14-3/4″
胸围	袖窿底度	91	90	35-1/2″
腰围		75	76	30″
摆围	直度	96	95	37-1/2″
袖长	肩顶度	58	57	22-1/2″
袖肥	袖窿底度	33	32	12-5/8″
后领高	后中度	7.5	7.5	3
袖口	直度	25	24	9-1/2″

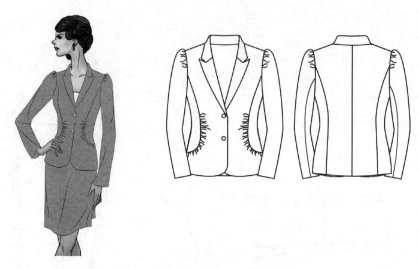

图 4-153 女式枪驳领西装的款式图

制图步骤：

款式见图 4-153。

（一）后片（图 4-154）

（1）后领横 7.1 cm，后领深 2.5 cm，肩斜 15:5，套装后领横一般 7.5～8 cm，本款领横加宽 0.5 cm。

（2）后肩宽：S/2＝19 cm。

（3）胸围线：B/6＋(6～7)＝22 cm，套装一般控制在 21～23 cm。

（4）腰围线：38 cm。

（5）臀围线 18 cm。

（6）后中长 53 cm。

（7）后 B：B/4－0.5＝(91＋3)/4－0.5＝23 cm，其中 3 cm 为分割线的损耗。

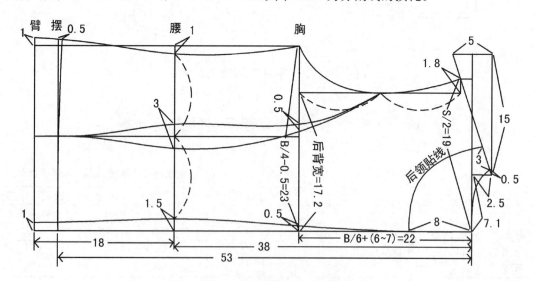

图 4-154 女式枪驳领西装后片结构图

（二）前片（图 4-155）

（1）上平线比后上平线高 0.5 cm，前中撇胸 0～1 cm，前领横 6.9 cm，前肩斜 15:6，前肩宽加宽 0.5 cm，前领深加深：B/10－(1～2)＝7 cm，前领深可以随款式变化而变化。

(2) 前小肩:后小肩－(0.2～0.5)cm＝11.9－0.5＝11.4 cm。

(3) 前 B:B/4＋0.5＝24 cm。

(4) 前胸宽:后胸宽－1＝17.2－1＝16.2 cm。

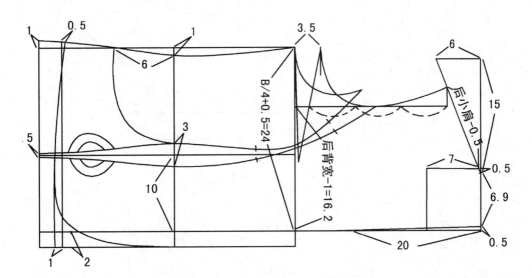

图 4-155　女式枪驳领西装前片结构图

(三) 领(图 4-156)

(1) 翻折线:从肩点放出 2(2～2.5)cm,与第一个钮连成一道直线。

(2) 把前领深分成三等分,第一等份与前中撇了的线连成一道直线。驳头宽:一般可画7.5(7～8)cm,与驳领起点连成一道直线,放出 7 cm,然后分成三等分,在第一等份放出 1(0.5～1)cm,画顺驳领外口。驳领尖与撇进的线连接。

(3) 作翻折线的平行线,距离翻折线2.5 cm;再作此线的平行线 3.5 cm,量取后领弧长 8.5 cm,从平行线肩线交点开始量,作后领弧长的垂直线,取领中高 7.5(7～7.5)cm,作后中垂直线,画领角离驳领 1 cm,翻领外线分三等分,在第一份降低 0.5 cm。

(4) 领窝点进 0.6(0.6～1)cm,与肩点连成一条直线,与后领中连成一条弧线,在后中作翻折线 3(2.5～3)cm。

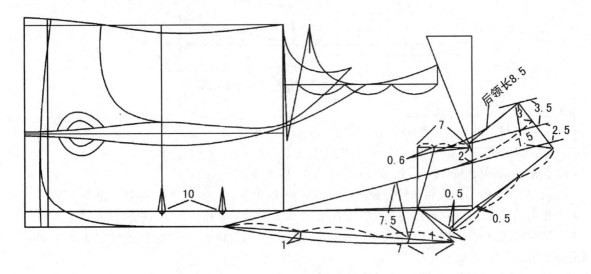

图 4-156　女式枪驳领西装领结构图

（四）前衣褶结构图（图 4-157）

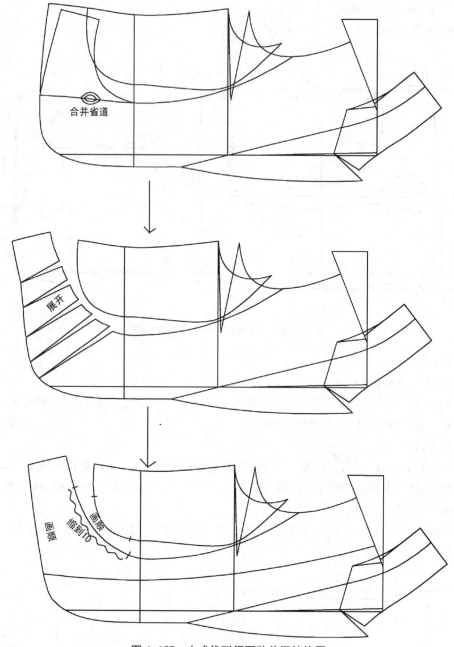

图 4-157　女式戗驳领西装前褶结构图

（五）袖：二片袖（图 4-158）

（1）量取 AH＝46.5 cm（前 AH：23 cm，后 AH：23.5 cm）。

（2）袖山高：AH/3＋（0～1）＝16 cm，一般控制在 15～17 cm。

（3）前袖斜线：前 AH－0.5＝22.5 cm，后袖斜线：后 AH＋0.5＝24 cm。

（4）前 AH 分成四等分，后 AH 分成三等分，第一等份再分成二等分，数值控制如图 4-158。

（5）把前袖肥分成二等分，作袖肥线的垂直线，在垂直线两边平衡画 3 cm 的线，高度到袖弧线。

（6）把后袖肥分成二等分，作袖肥线的垂直线，在垂直线两边画 1.5 cm 的线，高度到袖弧线，然后把小袖弧线画出来。

（7）袖缩位：化纤面料 2 cm 左右；毛涤混纺面料 2.5 cm 左右；毛呢面料 3 cm 左右。

（8）袖长：58 cm，袖肘：袖长/2＋3＝32 cm，1/2 袖口：袖口/2＝24/2＝12 cm。

（9）如图画顺袖缝

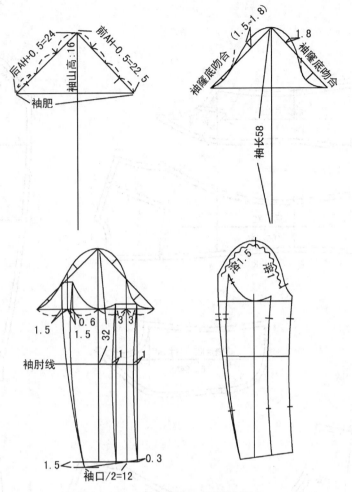

图 4-158　女式枪驳领西装袖结构图

（六）西装袖：泡泡袖（图 4-159）

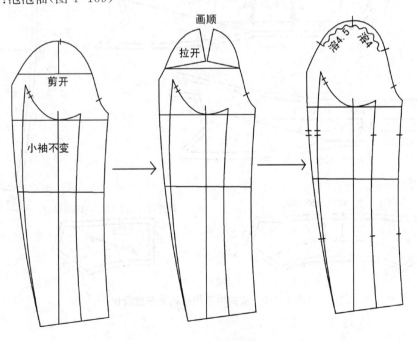

图 4-159　女式枪驳领西装泡泡袖结构图

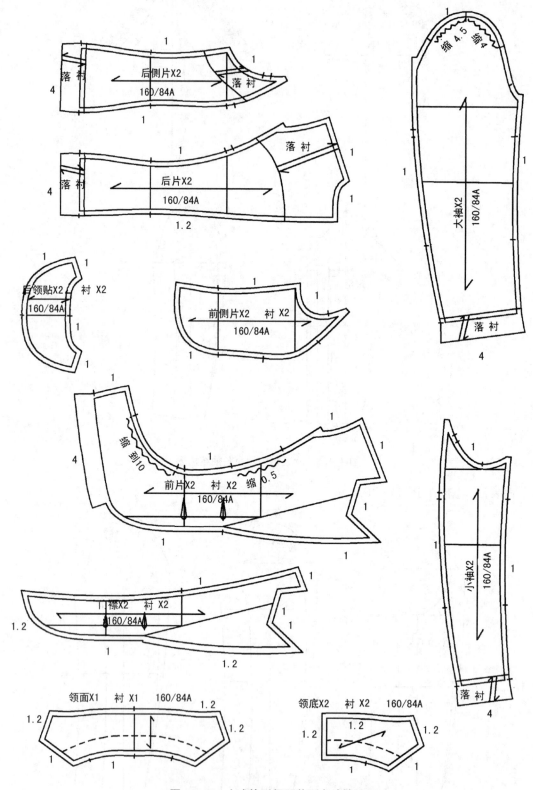

图 4-160 女式枪驳领西装面布放缝份

（八）里布缝份（图4-161）

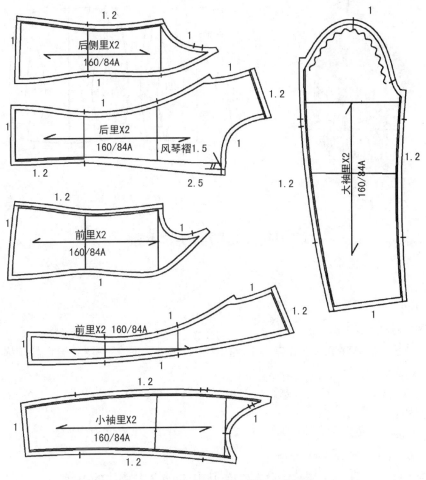

图4-161 女式枪驳领西装里布放缝份

第十二节　女式青果领西装的工业制板

客户：**LIZ**　　　款号：**L027**　　　款式：**女式青果领西装**　　　号型：**160/84A**

部位	度法	纸样尺寸(cm)	成品尺寸(cm)	成品尺寸(英寸)
后中长	后中度	58	57	22-1/2″
肩宽	肩至肩度	38	37.5	14-3/4″
胸围	袖窿底度	91	90	35-1/2″
腰围		75	76	30″
摆围	直度	96	95	37-1/2″
袖长	肩顶度	58	57	12-5/8″
袖肥	袖窿底度	33	32	12-3/4″
后领高	后中度	7.5	7.5	3″
袖口	直度	25	24	9-1/2″

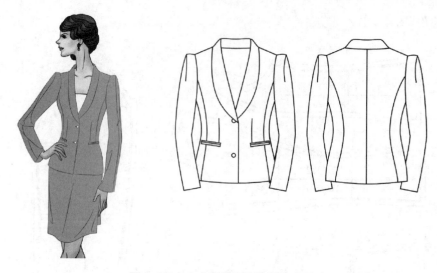

图 4-162   女式青果领西装的款式图

制图步骤:

款式见图 4-162。

(一)后片(图 4-163)

(1)后领横 7.1 cm,后领深 2.5 cm,肩斜 15:5,套装后领横一般 7.5～8 cm,本款领横加宽 0.5 cm。

(2)后肩宽:S/2=19 cm。

(3)胸围线:B/6+(6～7)=22 cm,套装一般控制在 21～23 cm。

(4)腰围线:38 cm。

(5)臀围线:18 cm。

(6)后中长:58 cm。

(7)后 B:B/4-0.5=(91+3)/4-0.5=23 cm,其中 3 cm 为分割线的损耗。

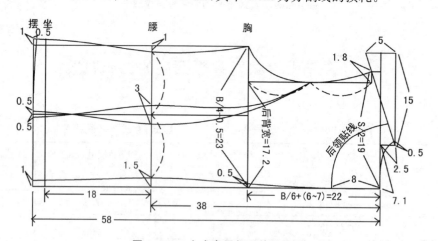

图 4-163   女式青果领后片结构图

(二)前片(图 4-164)

(1)上平线比后上平线高 0.5 cm,前中撇胸 0～1 cm,前领横 6.9 cm,前肩斜 15:6,前肩宽加宽 0.5 cm,前领深加深:B/10-(4～5)=5 cm,前领深可以随款式变化而变化。

(2)前小肩:后小肩-(0.2～0.5)=11.9-0.5(本款取值)=11.4 cm。

(3)前 B:B/4+0.5=24 cm。

(4)前胸宽:后胸宽-1=17.2-1=16.2 cm。

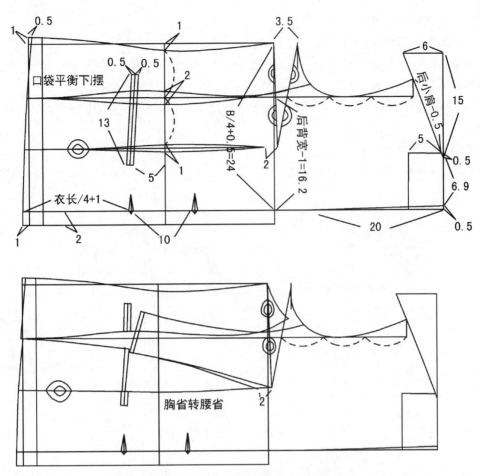

图4-164 女式青果领西装前片结构图

（三）领（图4-165）

（1）翻折线：从肩点放出2(2～2.5)cm，与第一个钮连成一道直线。

（2）把前领深分成三等份，第一等份与前中撇了的线连成一道直线。驳头宽：一般可画8(7～8)cm，与驳领起点连成一道直线，然后三等分，在第一等份放出1(0.5～1)cm，画顺驳领外口。

（3）作翻折线的平行线，距离2.5 cm，再作此线的平行线3.5 cm，量取后领弧长8.5 cm，从平行线肩线交点开始量，作后领弧长的垂直线，取领中高7.5(7～7.5)cm，作后中垂线，然后与驳领连顺。

（4）领窝点进0.6(0.6～1)cm，与肩点连成一条直线，与后领中连成一条弧线，在后中作翻折线3(2.5～3)cm。

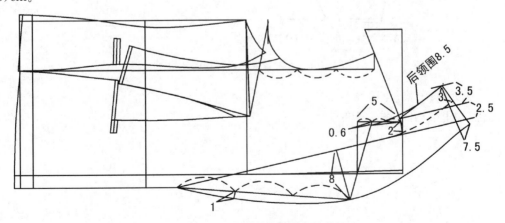

图4-165 女式青果领西装领结构图

（四）袖（图 4-166）

(1) 量取前 AH=23 cm,后 AH=23.5 cm。

(2) 袖山高:AH/3+(0~1)=16 cm,一般控制在 15~17 cm。

(3) 前袖斜线:前 AH-0.5=22.5 cm,后袖斜线:后 AH+0.5=24 cm。

(4) 前 AH 分四等分,后 AH 分三等分,第一等份再分二等分,数值控制如图 4-166。

(5) 袖长:58 cm。

(6) 袖肘线:袖长/2+3=32 cm。

(7) 袖口:袖中线偏前 2.5 cm,前袖口:袖口/2-1=11.5 cm,后袖口:袖口/2+1=13.5 cm。

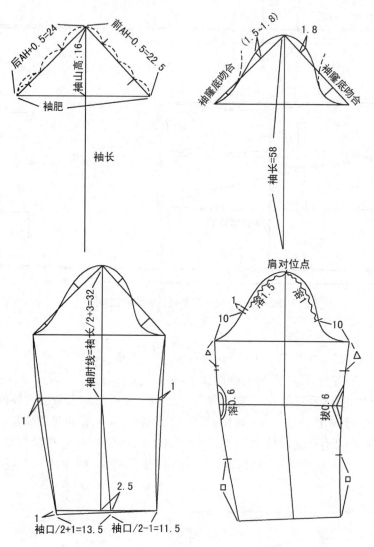

图 4-166　女式青果领西装袖的结构图

（五）借肩袖结构图（图 4-167）

（六）门襟、袖里结构图（图 4-168）

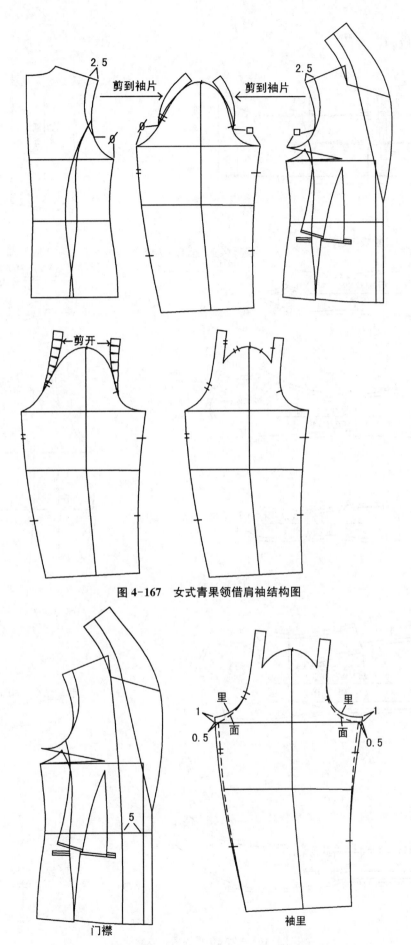

2.5　剪到袖片　剪到袖片　2.5

∅　∅

剪开

图 4-167　女式青果领借肩袖结构图

里　里
1　1
面　面
0.5　0.5

5

门襟　袖里

图 4-168　女式青果领门襟、袖里结构图

（七）面布缝份（图4-169）

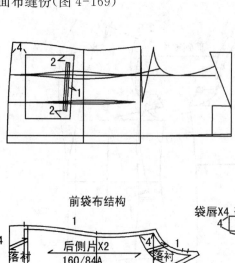

前袋布结构

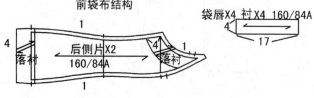

袋唇X4 衬X4 160/84A

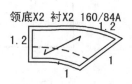

领底X2 衬X2 160/84A

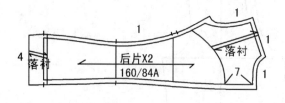

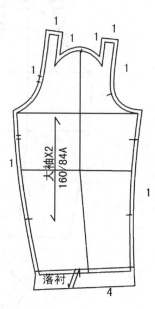

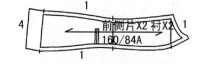

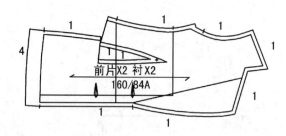

后领贴X2 160/84A

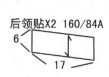

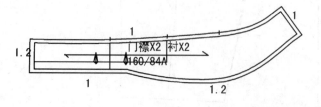

后领贴X2 衬X2 160/84A

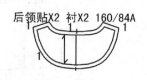

图4-169 女式青果领面布放缝份

（八）里布缝份（图4-170）

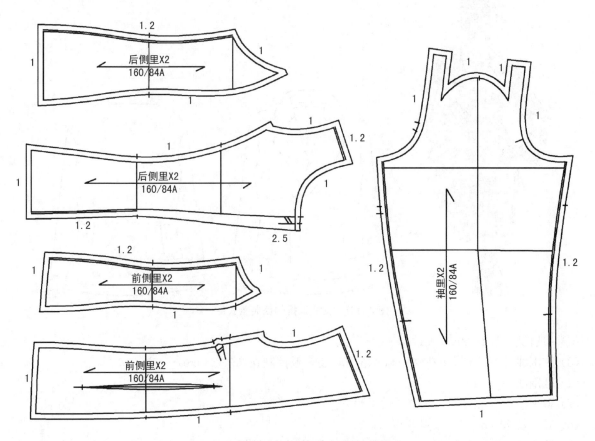

图 4-170　女式青果领西装里布放缝份

第十三节　女式双排扣西装的工业制板

客户：XXX　　　　款号：L056　　　　款式：女式双排扣西装　　　　号型：160/84A

部位	度法	纸样尺寸（cm）	成品尺寸（cm）	成品尺寸（英寸）
后中长	后中度	71	70	28″
肩宽	肩至肩度	41	40.5	16″
胸围	袖窿底度	104	103	40-1/2″
腰围		100	99	39″
摆围	直度	108	107	40-1/8″
袖长	肩顶度	41	40	15-3/4″
袖肥	袖窿底度	36	35	13-3/4″
后领高	后中度	10	10	4″
袖口围	直度	34	33	13″

款式见图4-171。

（一）后片（图4-172）

（1）后领横7.1 cm，后领深2.5 cm，肩斜15：5，套装后领横一般取7.5～8 cm，本款领横加宽1 cm。

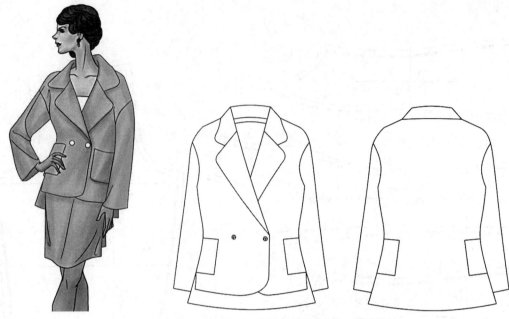

图 4-171　女式双排扣西装款式图

（2）后肩宽：41/2＝20.5 cm。

（3）胸围线：B/6＋（6～9）＝25 cm。落肩套装一般控制在 22～28 cm。

（4）腰围线：39 cm。

（5）臀围线 18 cm。

（6）后中长 71 cm。

（7）后 B：B/4＝104/4＝26 cm。宽松的服装可前后片一样。

（8）后 W：W/4＝100/4＝25 cm。

（9）后摆围：摆围/4＝108/4＝27 cm。

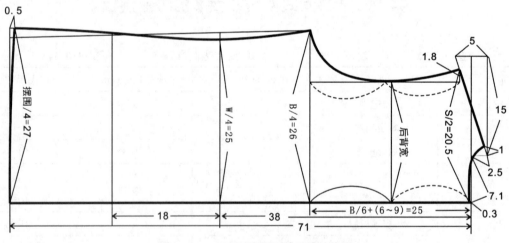

图 4-172　女式双排扣西装后片结构图

（二）后落肩袖（图 4-173）

（1）在后肩点上取 10 cm 做等腰三角形，取中点提高 0.5 cm 画后袖中线，量取袖长 41 cm。

（2）从肩点量取 10 cm 作落肩袖，与后袖窿弧线画顺。

（3）量取袖山高 16 cm，作后袖中线的垂直线，量取后袖窿弧线与后袖山弧线相等。

（4）后袖口：袖口围/2＋1＝34/2＋1＝18 cm。

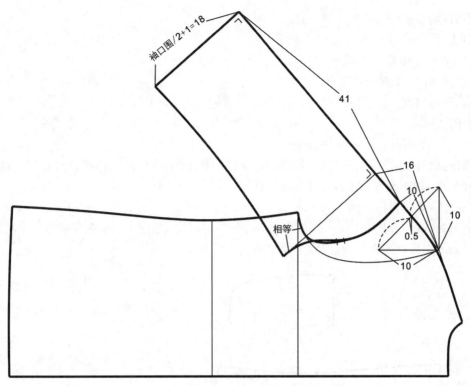

图 4-173　女式双排扣西装后落肩袖结构图

（三）前片（图 4-174）

（1）上平线比后上平线降低 1 cm。前中撇胸 0～1 cm。前肩斜 15：6，前肩宽加宽 1 cm，前领深加深：B/10－（4～5）＝6 cm。前领深可以随款式变化而变化。

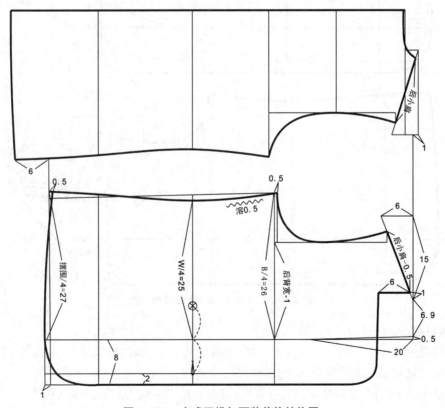

图 4-174　女式双排扣西装前片结构图

（2）前小肩：后小肩－(0.2～0.5)＝12.5－0.5＝12 cm。

（3）前 B：B/4＝104/4＝26 cm。

（4）前 W：W/4＝100/4＝25 cm。

（5）前摆：摆围/4＝108/4＝27 cm。

（6）前胸宽：后胸宽－1＝18.7－1＝17.7 cm。

（四）领（图 4-175）

（1）前肩点与前领深进 0.6 cm 画前领线。

（2）画领座：前肩点进 0.5 cm 与前领深连线，延长后领围的长度，然后作垂直线长度，量取 1 cm 与前领深画顺领座底线，领座宽度 1.5 cm，后中画成直角。

（3）画翻折线：第一钮位与前领深进 3 cm 连线。

（4）画上级领：取倒伏量 2.5(b－a)＝10 cm，与领座与肩线交点连线，量取领面与领座两线段等长，然后作后领高 7 cm，作后领的垂直线，然后把领角画成圆角。

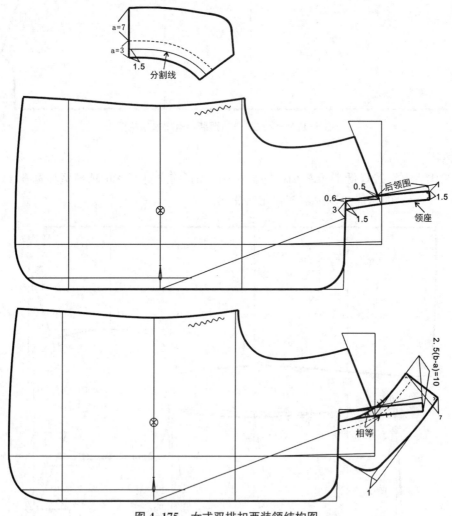

图 4-175　女式双排扣西装领结构图

（五）前落肩袖（图 4-176）

（1）在前肩点上取 10 cm 的等边三角形，取中点降底 0.5 cm 画后袖中线，量取袖长 41 cm。

（2）从前肩点量取 10 cm 作落肩袖，与前袖窿弧线画顺。

（3）量取袖山高 16 cm，作后袖中线的垂直线，量取后袖窿弧线与后袖山弧线相等。

（4）前袖口：袖口围/2－1＝34/4－1＝16 cm。

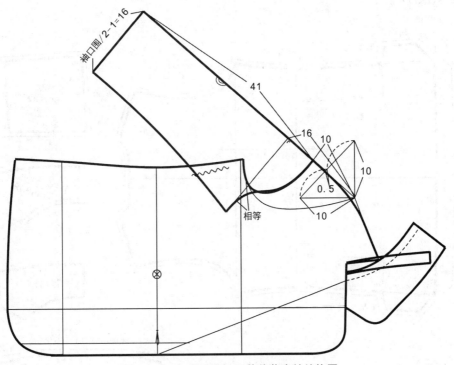

图 4-176　女式双排扣西装前落肩袖结构图

（六）侧袋、门襟、后领贴（图 4-177）

（1）合并前后侧缝，距腰下 2 cm 定袋口的位置。

（2）袋口宽 16 cm，袋高 18 cm，袋底下面开衩。

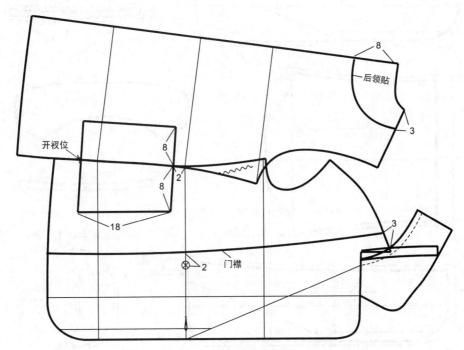

图 4-177　女式双排扣西装侧袋、门襟、后领贴结构图

（七）面布缝份（图 4-178）

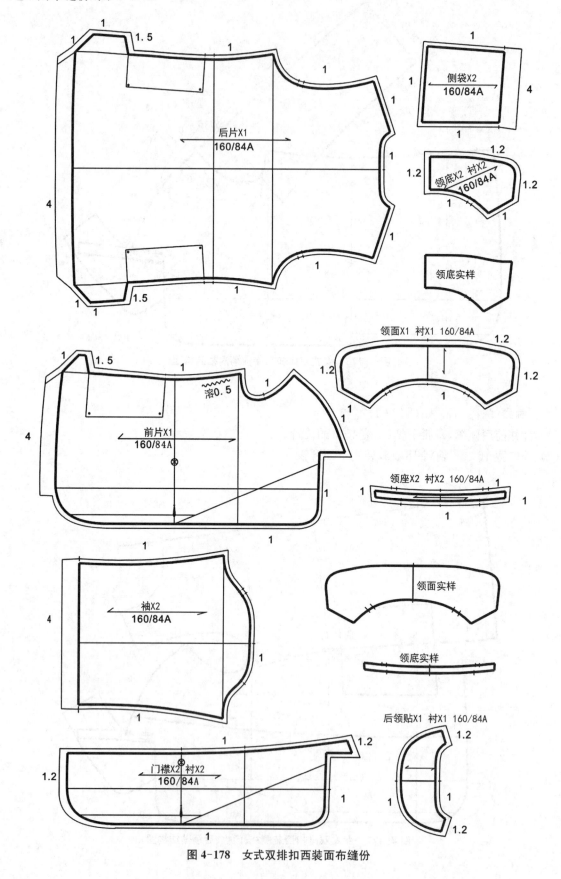

图 4-178　女式双排扣西装面布缝份

（八）里布缝份（图 4-179）

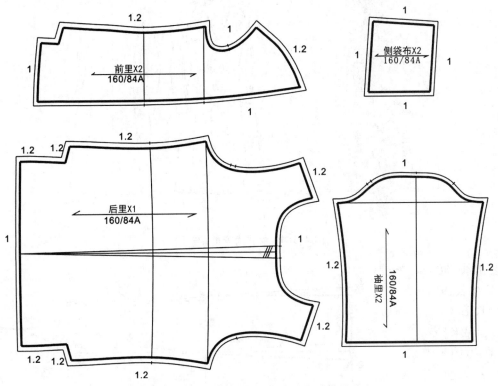

图 4-179 女式双排扣西装里布放缝份

第十四节 女式大衣的工业制板

客户：×××	款号：L028	款式：女式大衣	号型：160/84A	
部位	度法	纸样尺寸(cm)	成品尺寸(cm)	成品尺寸(英寸)
后中长	后中度	91	90	35-1/2″
肩宽	肩至肩度	40	39.5	15-1/2″
胸围	袖窿底度	97	96	37-3/4″
腰围				
摆围	直度			
袖长	肩顶度	59	58	22-2/8″
袖肥	袖窿底度	35	34	13-3/8″
后领高	后中度			
袖口	直度	26	25	9-3/4″

制图步骤：

款式见图 4-180。

（一）后片（图 4-181）

（1）后领横 7.1 cm，后领深 2.5 cm，肩斜 15∶5，套装后领横一般 7.5～8.5 cm，本款领横加宽 1 cm，后领深加深 0.3 cm。

（2）后肩宽：S/2=20 cm。

（3）胸围线：B/6+(6～7)=23 cm，套装一般控制在 22～24 cm。

图 4-180　女式大衣的款式图

（4）腰围线：38 cm，臀围线：18 cm，后中长：91 cm。

（5）后 B：B/4－0.5＝(97＋3)/4－0.5＝24.5 cm。

（二）前片（图 4-182）

（1）上平线比后上平线低0.5 cm，前中撇胸 0～1 cm，本款撇 0.5 cm，前领横 6.9 cm，前领深 7.6 cm，前肩斜 15：6，前肩宽加宽 1 cm，前领深可以变化。

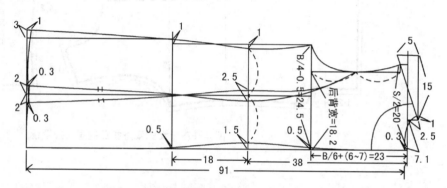

图 4-181　女式大衣后片结构图

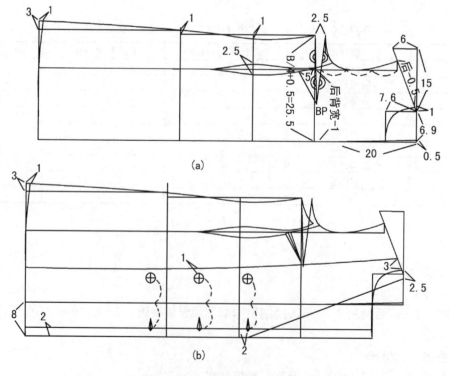

(a)

(b)

图 4-182　女式大衣前片结构图

(2) 前小肩:后小肩—(0.2~0.5)=12.5—0.5=12 cm。

(3) 前 B:B/4+0.5=25.5 cm。

(4) 前胸宽:后胸宽—1=18.2—1=17.2 cm。

（三）领:独立制图法(图 4-183)

(1) 驳领:从第一个钮开始,肩点出 2.5 cm,连成一条直线。

(2) 画后中线和水平线,在水平线量取后领弧长和前领到驳口线的弧长,本款为 19 cm,然后分成三等分,前中抬高 1~2 cm,与后中画一条弧线,作弧线的垂直线,伸出 3 cm,与后领高 3.5 cm 连成一条弧线。

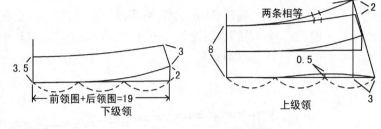

图 4-183　女式大衣领结构图

(3) 上级领:前中抬高 1.5 cm,从后中连一条弧线,长度与下级领外线相等,后中 8 cm,作垂直线,长度领嘴处放出 3 cm,分三等分,凹 0.5 cm。

（四）袖:二片袖(图 4-184)

(1) 量取 AH=48.5 cm(前 AH:24 cm,后 AH:24.5 cm)。

(2) 袖山高:AH/3+(0~1)=16.5 cm,一般控制在 15~17 cm。

(3) 前袖斜线:前 AH—0.5=23 cm,后袖斜线:后 AH+0.5=25 cm。

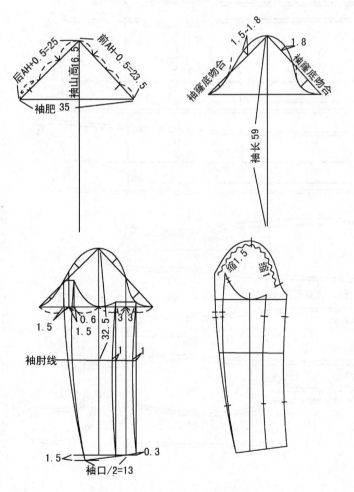

图 4-184　女式大衣袖结构图

（4）前 AH 分四等分，后 AH 分三等分，第一等份再分二等分，数值控制如图 4-184。

（5）把前袖肥分成二等分，作袖肥线的垂直线，在垂直线两边平衡画 3 cm 的线，高度到袖弧线。

（6）把后袖肥分成二等分，作袖肥线的垂直线，在垂直线的两边平衡画 1.5 cm 的线，高度到袖弧线，然后把小袖弧线画出来。

（7）袖缩位：化纤面料 2 cm 左右，毛涤混纺面料 2.5 cm 左右，毛呢面料 3 cm 左右。

（8）袖长：59 cm，袖肘线：袖长/2＋3＝32.5 cm，1/2 袖口：袖口/2＝26/2＝13 cm。

（9）如图 4-184 画顺袖缝。

（五）缝份（图 4-185）

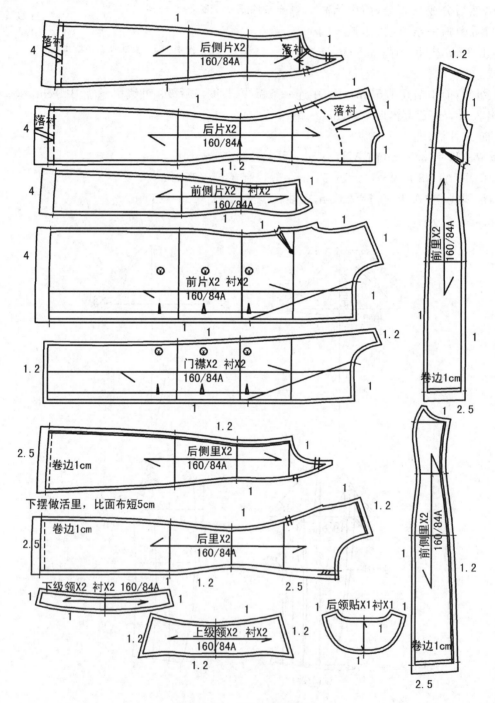

图 4-185　女式大衣放缝份

第十五节　女式马甲的工业制板

客户:×××　　　　款号:L028　　　　款式:女式马甲　　　　号型:160/84A

部位	度法	纸样尺寸(cm)	成品尺寸(cm)	成品尺寸(英寸)
后中长	后中度	48	47	18-1/2″
肩宽	肩至肩度	35	35	13-3/4″
胸围	袖窿底度	91	90	35-1/2″

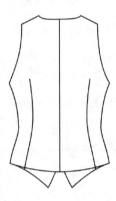

图 4-186　女式马甲的款式图

结构设计提示:

　　马甲的穿着方式一般有两种。如果作为外套穿着,那么胸围加放量应参照套装加放,而作为贴身穿着时,胸围加放量为 4～6 cm。但不管怎样穿着,袖底线弧线长不能太浅,理想的应与外套袖窿底线错开来确定胸围线,腰节线可适当加长 1 cm,袖窿深可比套装低 1～2 cm,衣长在腰节线下 8～10 cm。款式见图 4-186。

制图步骤:

(一)后片(图 4-187)

(1)后领横 7.1 cm,后领深 2.5 cm,肩斜 15:5。后领横加宽 1 cm,后领深加深 1 cm。

(2)后肩宽:$S/2＝17.5$ cm。

(3)胸围线:$B/6＋(7～9)$,比套装加 1～2 cm,一般控制在 22～25 cm。

(4)腰围线:39 cm。

(5)臀围线:18 cm。

(6)后中长:48 cm。

(7)后 B:$B/4－0.5＝(91＋3)/4－0.5＝23$ cm,其中 3 cm 为省尖的损耗量。

(二)前片(图 4-188)

(1)上平线比后上平线低 0.5 cm,前领横 6.9 cm,前领深 7.6 cm,前肩斜 15:6,前肩宽加宽 1 cm。

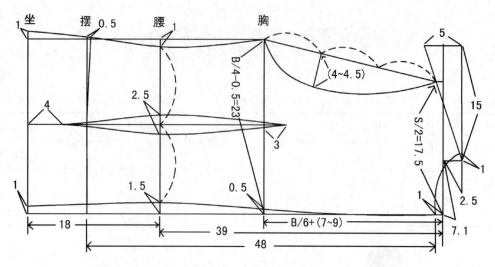

图 4-187　女式马甲后片结构图

（2）前小肩：后小肩－(0.2~0.5)。

（3）前 B：B/4＋0.5＝24 cm。

（4）把胸省转移到腰省。

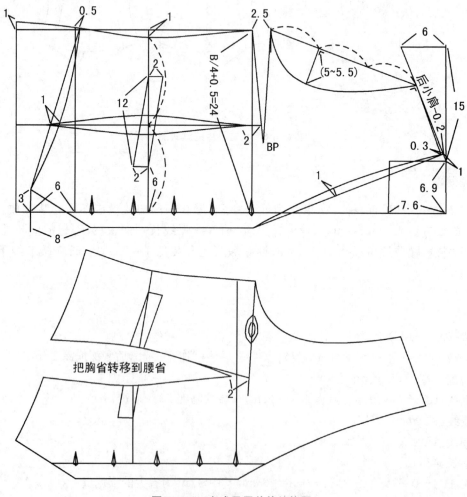

图 4-188　女式马甲前片结构图

（三）缝份（图 4-189）

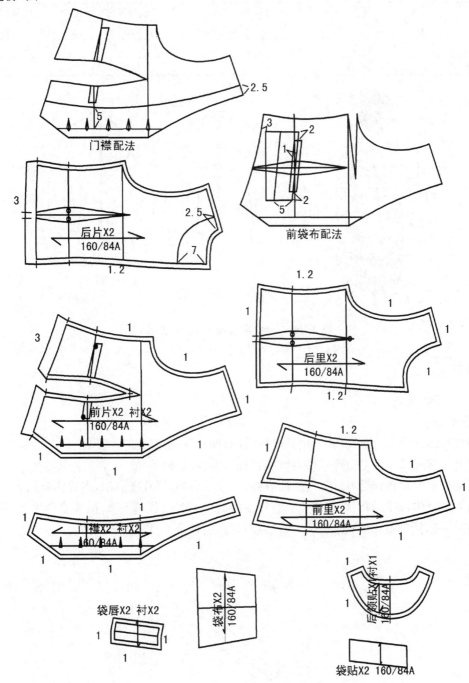

图 4-189　女式马甲放缝份

第十六节　女式插肩袖上衣的工业制板

客户：×××　　　款号：**L030**　　　款式：女式插肩袖　　　号型：160/84A

部位	度法	纸样尺寸（cm）	成品尺寸（cm）	成品尺寸（英寸）
后中长	后中度	58	57	22-1/2″
肩宽	肩至肩度	40	39.5	15-5/8″
胸围	袖隆底度	95	94	37-1/8″

部位	度法	纸样尺寸（cm）	成品尺寸（cm）	成品尺寸（英寸）
袖长		59	58	22-7/8″
袖口	直度	26	25	9-7/8″
后领高	后中度	7	7	2-3/4

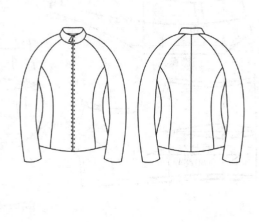

图 4-190　女式插肩袖上衣的款式图

结构设计提示：

款式见图 4-190。

（一）插肩袖分类

（1）插肩袖按形式可分为全插肩袖，半插肩袖（冒肩袖），育克插肩袖。

（2）插肩袖按款式可分为宽松连衣袖，合体插肩袖，半连袖，插角袖。

（3）插肩袖按袖的片数分类可分为一片插肩袖，二片插肩袖，三片插肩袖，多片插肩袖等。

（4）插肩袖的合体程度：袖斜线抬高 1/2 合体度好，活动量差；提高 0.5 cm 则合体度好，活动量差；提高 1 cm 合体度一般，活动量一般；提高 1.5 cm 活动量好，合体度差（图 4-191）。

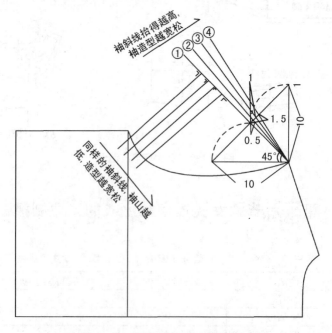

图 4-191　女式插肩袖上衣袖斜线结构图

（5）插肩袖的结构设计重点提示：①前后片袖缝要相等。②前后片的袖山高要一样。③插肩袖的袖窿弧线与弧长要吻合。④袖肥可控制在 32～39 cm。⑤前袖比后袖降低0.5～1 cm，使袖缝偏前。⑥后袖口比前袖口大 2 cm，使缝偏前。

（6）袖山高参考值：①衬衫 13～14 cm；②外套 14～16 cm；大衣 15～18 cm。

（7）肩宽可以宽些。

（8）插肩线与插肩线的交点 C：C 的高与低是由服装款式和面料等情况决定的，款式宽松，面料垂性好，基点 C 可以取高一点，合体的款式，面料硬挺的，基点 C 可以低一点，取基点 C 时还要注意前片比后片低一点，这是为了符合人体手臂向前运动的实际情况（图 4-192）。

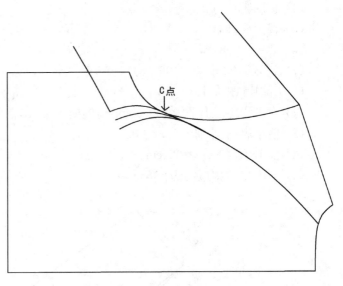

图 4-192 女式插肩袖交点结构图

制图步骤：

（一）后片（图 4-193）

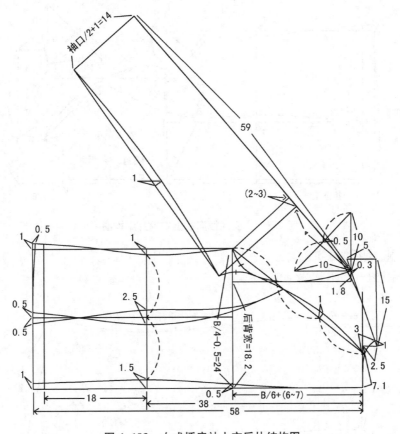

图 4-193 女式插肩袖上衣后片结构图

（1）后领横 7.1 cm，后领深 2.5 cm，肩斜 15：5。后领横加宽 1 cm。

（2）后肩宽：S/2＝20 cm。

（3）胸围线：B/6＋7＝23 cm，一般控制在 22～24 cm。

（4）腰围线：38 cm。

（5）臀围线：18 cm。

（6）后中长：58 cm。

（7）后 B：B/4−0.5=(95+3)/4−0.5=24 cm。

（二）前片（图 4-194）

（1）上平线比后上平线低 0.5 cm，前领横 6.9 cm，前领深 7.6 cm，前肩斜 15:6，前肩宽加宽 1 cm。

（2）前小肩：后小肩−(0.2～0.5) cm。

（3）前 B：B/4+0.5=25 cm。

（4）前胸宽：后胸宽−1=18−1=17 cm。

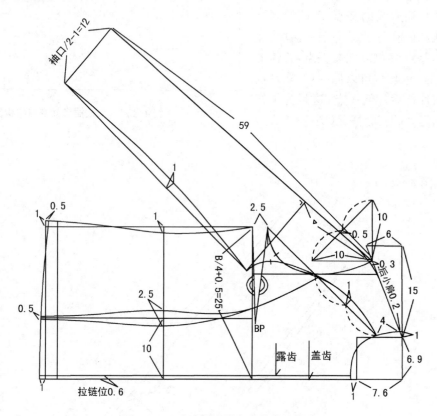

图 4-194　女式插肩袖上衣前片结构图

（三）领：独立制图（图 4-195）

（1）量取前后领围长度，本款 22 cm。

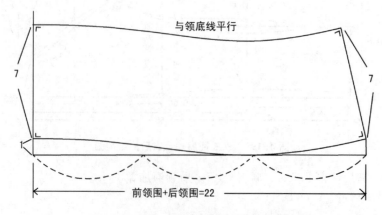

图 4-195　女式插肩袖上衣领的结构图

（2）把领底线分成三等分，前中抬高 1 cm，后中也提高 1 cm，然后画成一条弧线，后中成直角。

（3）前中作弧线的垂直线。

（4）后领高 7 cm，作后中垂直线，前中画成圆角。

（四）缝份（图 4-196）

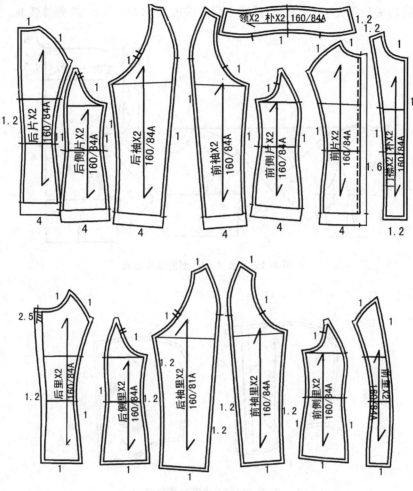

图 4-196 女式插肩袖上衣放缝份

第十七节 女式时装帽的工业制板

结构设计提示：

帽在时装中被广泛采用，帽有各种各样的造型，但不管是哪一种造型，都是根据实际尺寸配置的。帽必要尺寸有三个：

（1）头围 56 cm。

（2）头顶中心开始到前颈中心点，前领深视款式而定。

（3）头偏侧，从头顶中心点开始到颈侧点，一般 66 cm 左右。

制图步骤：

（一）两片帽（图 4-197）

（1）后领宽在基型的基础上加宽 2 cm，后领深加深 1 cm。

(2) 前领深在基型的基础上加深 2～3 cm，前领宽加宽 2 cm。

(3) 帽高：帽高/2＝66/2＝33 cm，从肩平线开始量。

(4) 延长前中线，放出 1～1.5 cm，降低 1～1.5 cm。

(5) 帽宽：头围/2－(0～4)＝56/2－1＝27 cm，从帽高的三分之一处量。

(6) 画帽外弧线：头顶角处下 6 cm 左右，帽底后中撇进 2.5(2～3)cm，画顺外弧线。

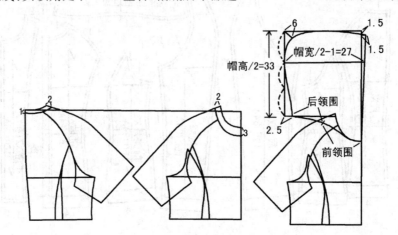

图 4-197 女式两片帽的结构制图

(二) 缝份(图 4-198)

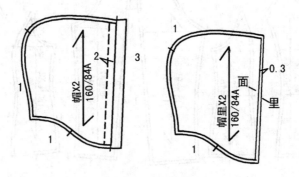

图 4-198 女式两片帽放缝份

(三) 三片帽(图 4-199)

(1) 复制两片帽，在两片帽截取帽中，帽中一般宽 8～10 cm。

(2) 把帽中拉直，长度与截取帽边的长相等。

(3) 帽中可以根据款式做造型。

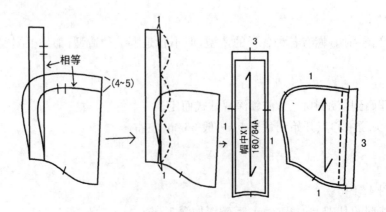

图 4-199 女式三片帽的结构图

第十八节　女式针织衫的工业制板

客户：×××　　　款号：L034　　　款式：女式针织衫　　　号型：160/84A

部位	度法	纸样尺寸(cm)	成品尺寸(cm)	成品尺寸(英寸)
后中长	后中度	52	51.5	22-1/4″
肩宽	肩至肩度	35	35	13-3/4″
胸围	袖窿底度	80	79	31-1/8″
腰围		70	70	27-1/2″
摆围	直度	78	78	30-5/8″
袖长	肩顶度	57	56.5	22-1/4″
袖口	直度	19	19	7-1/2″
袖肥	袖窿底度	28	28	11″

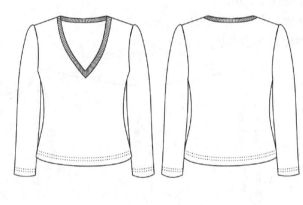

图 4-200　女式针织衫的款式图

结构设计提示：

　　针织布料与梭织布料的主要区别在于针织布料具有弹性，而且稳定性差，所以制图时一般不用设胸省与腰省。放松量：高弹力的贴身衣服一般减 0～6 cm；弹力贴身衣服一般加 0～4 cm；合体针织衫一般加 4～12 cm。款式见图 4-200。

制图步骤：

　　（一）后片（图 4-201）

　　（1）画后中线、领平线，后领横 7.1 cm，后领深 2 cm，后肩斜 15∶5，后领加宽 2 cm 以上，本款加宽 3 cm，后领深加深 1 cm 以上，本款加深 3 cm。

　　（2）后肩宽：S/2＝35/2＝17.5 cm。

　　（3）胸围线：B/6＋(6～7)＝79/6＋(6～7)＝20 cm，针织衫胸围线控制在 20～22 cm。

　　（4）腰围线：36 cm。

　　（5）后中线：52 cm。

　　（6）后 B：B/4＝80/4＝20 cm。

(7) 后 W：W/4＝70/4＝17.5 cm。

(8) 后摆围：摆围/4＝78/4＝19.5 cm。

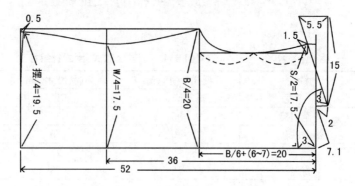

图 4-201 女式针织衫的后片结构图

（二）前片（图 4-202）

(1) 复制后片轮廓线。

(2) 前领深加深 15 cm。

(3) 前袖窿圈比后袖窿圈多进 0.5 cm。

(4) 前下摆比后下摆多 0.5 cm。

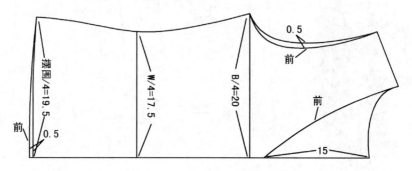

图 4-202 女式针织衫前片结构图

（三）袖（图 4-203）

(1) 量取 AH＝40 cm。

(2) 袖山高：AH/3＋(0～1)＝14 cm，一般控制在 13～15 cm。

(3) 袖肥：袖肥/2＝28/2＝14 cm。

(4) 袖斜线：总 AH/2－0.5＝19.5 cm。

(5) 后分三等分，第一等份再分二等分，数值控制如图 4-203。

(6) 袖长：57 cm。

(7) 袖肘线：袖长/2＋3＝31.5 cm。

(8) 袖口：袖口/2＝19/2＝9.5 cm。

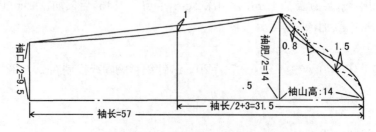

图 4-203 女式针织衫袖的结构图

（四）缝份（图4-204）

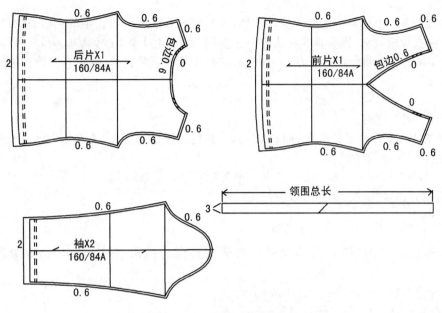

图4-204　女式针织衫放缝份

第十九节　女式羽绒服的工业制板

客户：×××　　　　款号：L034　　　　款式：女式羽绒服　　　　号型：160/84A

部位	度法	纸样尺寸(cm)	成品尺寸(cm)	成品尺寸(英寸)
后中长	后中度	54	52	20-1/2″
肩宽	肩至肩度	40	40	15-3/4″
胸围	袖窿底度	103	100	39-3/8″
摆围	缩度	75	75	29-1/2″
袖长	肩顶度	62	61	24″
袖口	直度	30	29	11-1/2″
袖口	缩度	18	18	7-1/8″
袖肥	袖窿底度	38	36	14-1/4″

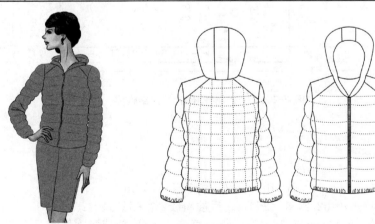

图4-205　女式羽绒服的款式图

结构设计提示:

羽绒服、棉衣是冬季不可缺少的防寒保暖服装,这类服装以面料、内衬、中间夹填充物(羽绒或棉)的组合为主要特征,成衣放松量大,因为填充物占据一定空间,其厚度对松度的影响较大,羽绒服胸围放松量一般为18～22 cm,胸围与腰围差数一般为8～10 cm,袖长比其他服装长3 cm左右。款式见图4-205。

制图步骤:

(一) 前、后片(图 4-206)

(1) 后领横7.1 cm,后领深2.5 cm,肩斜15:5,本款后领横加宽3 cm,后领深加宽1 cm。

(2) 后肩宽:S/2=40/2=20 cm。

(3) 胸围线:B/6+(7～9)=24.5 cm,套装一般控制在23～25 cm。

(4) 腰围线:38 cm,臀围线:18 cm,后中长:54 cm。

(5) B/2:$\dfrac{(B+1)}{2}=(103+1)/2=52$ cm。

(6) 前上平线比后上平线低1 cm,前领横6.9 cm,前领深7.6 cm,前肩斜15:6,前肩宽加宽3 cm,前领深加深2 cm。

(7) 前小肩:后小肩-0.2=10-0.2=9.8 cm。

(8) 前胸宽:后胸宽-1=18.5-1=17.5 cm。

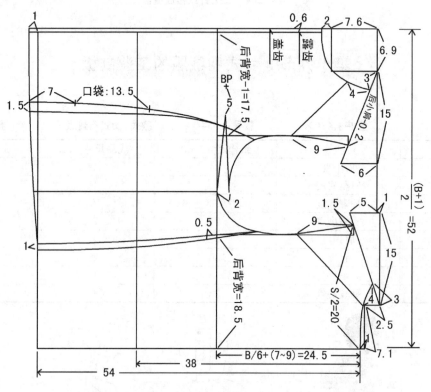

图 4-206　女式羽绒服前、后片结构图

(二) 袖(图 4-207)

(1) 量取总 AH=52 cm。

(2) 袖肥:2(B/5-1)=38 cm。

(3) 袖山高:总 AH/3-(0～1)=16 cm,一般控制在14～17 cm。

(4) 前袖斜线:总 AH-1=52/2-1=25 cm。后袖斜线:总 AH-1=25 cm。

(5) 前 AH 分四等分,后 AH 分三等分,第一等份再分二等分,数值控制如图4-207。

(6) 袖长:62 cm。

（7）袖肘线：袖长/2+3=34 cm。

（8）前袖口：袖口/2=30/2=15 cm。后袖口：袖口/2=30/2=15 cm。

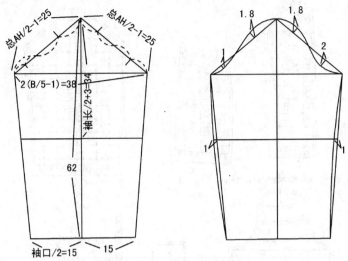

图 4-207　女式羽绒服袖的结构图

（三）帽（图 4-208）

（1）帽后中提高 3 cm。

（2）帽高 35 cm。

（3）帽宽 26 cm

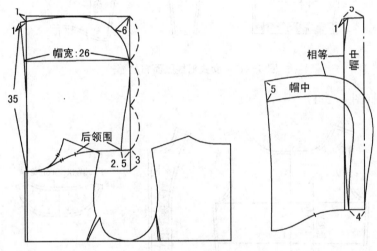

图 4-208　女式羽绒服帽的结构图

（四）衣身车明线（图 4-209）

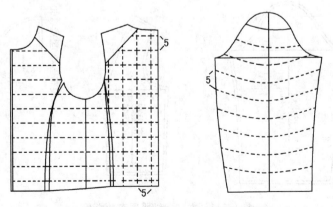

图 4-209　女式羽绒服衣身车明线结构图

（五）面布缝份（图 4-210）

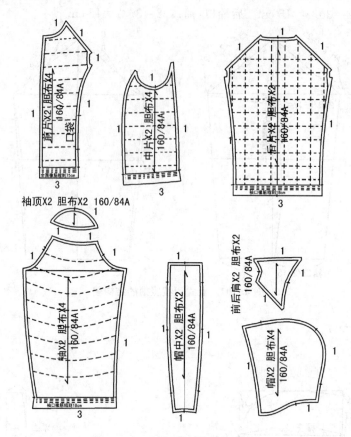

图 4-210　女式羽绒服面布放缝份

（六）里布放缝份（图 4-211）

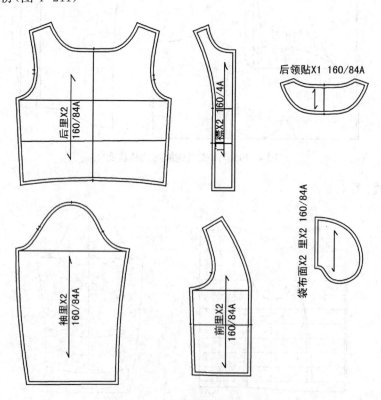

图 4-211　女式羽绒服里布放缝份

第五章　女装制板与放码

一、概念

服装样板有家庭个人用和工业生产用两种。工业生产中的样板起着模具、图样和型板的作用,是排料、画样、裁剪和产品生产过程中的技术依据,也是检验产品的规格质量的直接衡量标准,样板是以结构制图为基础制作出来的,简称"打板"。制板包含两层含义:一是要有平面裁剪画净样的能力;二是要有服装缝制的技术知识,才是完成放出毛样、里样、衬样等相关纸样。

二、特征

样板以裁剪结构图为基础,但与结构图有明显区别,裁剪结构图是以人体的实量尺寸或号型、规格尺寸绘制的称作"净样"。而样板则是按照净样的轮廓线条,再加放缝份、折边等缝制工艺所需的量而画、剪打制出来的,称为"毛样板"。

三、服装样板的种类及用途

服装样板按用途可分裁剪样板和工艺样板两大种。按制作程序又为打制母板(头板标准板)和规格系列推板。

(一)裁剪样板

主要用作排料画样等工序的样板,裁剪样板分为面板、里板、衬(朴)板,分别作为裁剪不同原料的样板,裁剪样板必须是毛样板。

(二)工艺样板

主要用于缝制过程中对衣片或成品进行定位、定形、定量等的样板。按用途又可分为:

1. 修正样板

主要是为了保证衣片在缝制时与裁剪样板保持一致,以避免裁剪过程中衣片的变形,而采用的一种补正措施的样板。主要用于需求对格对条的中高档产品,有时也用于某些局部修正,如领圈、袖窿,修正样板可以是毛样板,也可以是净样板。

2. 定型样板

主要是为保证某些关键部位的外形、规格符合标准而采用的用于定型的样板。定型样板按不同的需要又可分为划线定型板、缉线定型板和扣边定型板。

(1)划线定型板:按定型板勾画净线,又可作为缉线的线路。保证部件的形状,此板一般用黄板纸制作。

(2)缉线定型板:按定型板缉线,使画线与缉线重合,既省略了画线,又使缉线的符合率大大提高。如下摆的圆角部位、袋盖等。此板采用细砂纸等材料制作。

(3)扣边定型板:即包烫样板,此板多用硬挺的纸或薄铁皮制。

3. 定位样板

主要是为了保证某些重要位置的对称性、一致性而采用的用于定位的样板,定位样板一般取于裁剪样板上的某一个局部,此板也称"点位板"。

第二节　制板的准备、制板的程序、样板的标记及样板的整理

一、制板的准备

1. 技术资料准备

(1)产品结构图纸;(2)产品的技术标准;(3)缝制工艺和操作规程;(4)原料和辅料的质地与性能;(5)资料(主要是款式图、实物标样等有关资料)。

2. 工具的准备

打板工具:铅笔、码尺、剪刀、皮尺、角尺、橡皮、双面胶、单面胶、订书机、锥子、描线器、介刀、打孔器、胶纸座、刀眼钳等。

3. 材料的准备

制作样板的材料:打制样板的纸要求表面光洁、坚韧、伸缩性小。常用的纸有:

(1)唛架纸:样板过渡性用纸,不作为正式样板材料。

(2)鸡皮纸:宜先用(100~130) g/m² 规格,鸡皮纸薄,韧性好,成本低,裁剪容易,但硬度不足,适宜制作小批量服装生产的服装样板。

(3)黄板纸:宜选用(400~600) m/g² 左右规格,黄板纸较厚实,硬性较好,适宜制作大批量服装生产的服装样板。

(4)砂纸:制作不易滑线定型样板。

(5)薄铁皮:用于制作包烫定型板(如毛料上衣的袋盖、口袋)。

二、制板的程序

一般是先制母型板的裁剪结构图,然后依照裁剪结构图的轮廓线,将图逐片地拓画在样板纸上,再按净样线周边加放出缝份、折边、缩水等所需宽度,画成毛样轮廓线,再按毛样线剪成片,最后按口袋、省位及其他标准打剪口,钻孔即成。

为了保证服装制成规格的准确性,加放缝份、贴边是制作样板必不可少的步骤,关键是掌握由净样到毛样的周边加放量,加放量受多种因素的影响,要求全面考虑,准确掌握。主要考虑因素有:

(1)缝量与缝份的结构和操作方法有关,不同的缝份结构、不同的工艺操作方法放缝量的大小不同。

① 分缝(开骨):即缝合后的缝份分开烫平的形式,缝量一般为 1 cm,有时根据衣料的厚度也可放1~1.5 cm。

② 倒缝(坐倒缝):缝合后的缝份向一侧倒,缝头宽 1~1.2 cm,多见于衬衣类的摆缝、肩缝等,夹里的缝份一般也用倒缝,缝分别锁边。

③ 来去缝(对包骨)两衣片先反面相对,在正面缉线,再翻过去把缝份反面折成光边包住缝量 0.6 cm宽,缝份放 1.2 cm,多见于女装衬衣的摆缝、肩缝。

④ 包缝:包缝有两种做法,一种是暗包明缉的暗包缝(正对正,里两线);另一种是明包明缉的明包缝(反对反,外两线),缝量是一边宽,一边窄,多用于茄克衫、男衬衫之类的摆缝、肩缝等。

(2)缝份与裁片的部位形状有关:样板的放缝要根据裁片不同部位的不同需求量来确定。如领圈、袖隆圈、裙子、裤子的上腰,缝份都不一样。

(3)缝份与面料的质地性能有关:面料的质地有厚有薄,有松有紧,质地疏松的面料在裁剪及缝制时容易脱散,因此放缝时多放些,质地紧密的面料则按常规处理。

(4)贴边、边口部位(袖口、摆口、下摆等)里层的翻边称贴边,根据加放贴边工艺方法不同,有装贴边

和连贴边之分,贴边具有增强边口牢度、耐磨度及挺括度,并防止经纬纱松散脱落及反面外露等作用。

① 贴边的加放与边口线的形状有关。当边口线为直线或近于直线状态时,按实际需要定,无特殊要求的,一般在 3～4 cm,当边口线于弧线状态时,贴边的宽度可在上述基础上酌情减少,但如果是装贴边,弧形部位则一般不受此限制。

② 贴边的加放与面料的质地性能有关。面料厚的应酌情增加,面料薄的应酌情减少。

③ 贴边的加放与有无里布有关。有里布的贴边比无里布的贴边加放量略大 1 cm 左右(指里与面为封闭型)。

三、样板的标记

必要的标记是规范化的样板重要的组成部分,在服装成批生产流水作业中,标记就是无声的语言,使样板制作者与使用者达到某种程度上的默契,标记作为一种记号,其表现形式是多样化的,主要有刀眼、钻眼等,使用定位标记的主要部位有:

1. 对应点标记

(1) 缝份和贴边的宽窄。

(2) 收省、折裥、开衩的位置。

(3) 衣片的组合部位。

(4) 零件与大身装配的对刀眼位置。

(5) 裁片对格对条的位置。

(6) 其他需要标明位置、大小的部位,如钮扣位等。

2. 文字标记

文字标记可标明样板类别、数量和位置,在裁剪及缝制中起提示作用。文字标记的形式主要有文字、数字符号等。文字标记是样板所必须具备的,要求字体规范、清晰,为了便于区别,不同类别的样板可以用不同颜色加以区分,面板用黑色,里板用绿色或蓝色,衬板用红色。样板上的标记应切实做到准确无误。主要内容有:

(1) 产品编号及名称(款号)。

(2) 号型规格(尺码)。

(3) 样板的类别[面、里、衬(朴)]。

(4) 样板的结构、部件名称。

(5) 左右片不对称的产品,要标明左、右,上、下及正、反面的区别。

(6) 经向纱线标志。

(7) 需要利用衣料光边的部件,应标明边位。

四、样板的整理

(1) 每一个产品的样板打制完成后,要认真检查、复核,避免欠缺、误差。

(2) 每一个样板要在适当位置打一个孔便于串连、吊挂。

(3) 样板按品种、款型和号型规格区别面、里、衬(朴),各自集中串连、吊挂。

(4) 样板要实行专人、专柜、专号管理。

第三节　服装放码(推板)基础知识

一、放码(推板)的概念

服装工业化大生产,要求同样一种款式的服装生产多种规格的产品并组织批量生产,以满足不同身高和胖瘦穿着者的要求,这就应按照国家技术标准规定的成套规格系列标准,打制各个号型规格的全套裁剪样板,组织排料、画样和裁剪,应称为"放码"。

规格系列推板是一项技术性、科学性很强的工作,计算推导要求细致,科学、严格,度量、画线和推剪都要求准确无误。

二、规格系列放码(推板)的依据

(1) 标准母板。

(2) 规格系列(号型规格、成品规格、配属规格)

三、放码(推板)的方法

(1)推画法;(2)推剪法;(3)推移法;(4)电脑打板、放码法;(5)比例法,根据计算比例公式推板(各部位数值=计算比例公式×档差)。

四、放码(推板)的要求

(1) 缩放服装时使用的基础板必须是毛样板,但是如果码数多、分割线多,也可以使用净样板进行放码。

(2) 把各部位的档差合理地进行分配,根据需要放缩,使放缩后的规格系列样板与标准线板的造型、款式相似或相同。

(3) 在放缩样板时,根据各部位的规格档差和分配情况,只能在垂直或水平的方向上取点放缩,不能在斜线上取点进行档差放缩。

(4) 某些辅助线或辅助点也需要根据服装的比例推移放缩,但这些辅助部位的放缩不能加在部位总档差的"和"之内。

(5) 要认真检查基础样板尺寸的准确及部位圆顺。如果基础板不准确,缩放的样板同样不准确,对基础板的检查核对是为了避免失误。

(6) 要选择好坐标的位置。坐标点设在基础板的任何位置均可以进行放缩,要选择好最佳位置,尽量减少重叠线条,以便分解纸样。

(7) 拓完样板要随手写上号型,避免乱号。

(8) 缩放的样板必须完整,不可遗漏,尤其是零配件。

(9) 使用的样板纸,要尽量选用缩量小的品种。

五、码数分类

(1) 顺序码:38、39、40、41、42(领围、胸围、腰围、臀围、摆围、肩宽)。

(2) 乱码:39、43、44、46、47(逐个进行放码)。

(3) 组合码(39、39)、(41、41)(口袋位置、钮距……)。

(4) 通码 39、39、39、39(袖口、上下级领、门筒……)。

六、下装 5.4 系列基本放码档差

序号	部位	档差(cm)	序号	部位	档差(cm)
1	裤(裙)长	±3(1~3)	6	膝围	与摆围一样
2	腰围	±4	7	前裆弧长	±0.6(0.5~1)
3	臀围	±4(Y 型\A 型:3.6;B 型\C 型:3.2)	8	后裆弧长	±0.6(0.5~1)
4	大腿围	±2.5(2~2.5)	9	省长	±0.2(0~0.2)
5	摆围	±1(1~2)	10	立裆	±0.5(0.5~1)

第四节 女式西裙的放码

部位	度法	160/68A 纸样	155/64A	160/68A	165/72A	170/76A	档差
腰围	沿边度	69	64	68	72	76	4
臀围	腰下 18 度	93	88	92	96	100	4
摆围	直度	87	82	86	90	94	4
后中长	连腰度	55	53	54	55	56	1
腰头宽	直度	3	3	3	3	3	0
衩长	直度	14	14	14	14	14	0

下装的度法

序号	部位	度法	序号	部位	度法
1	腰围	直度、弯度(沿边度)、拉度	7	前裆	腰下度、连腰度
		松度	8	后裆	腰下度、连腰度
2	上臀围	腰下多少 V(直)度、腰顶	9	外长	腰下度、连腰度
		下多少 V(直)、裆上多少	10	内长	
		V(直)度	11	前袋	距侧缝、距腰度
			12	后袋	距侧缝、距腰度
3	下臀围	同 2 度法	13	裙长	后中度(连腰度、腰下度)前
4	大腿围	裆底度、裆下多少度			中度、侧缝度
5	膝围	裆下多少度、内长一半度			
6	摆围	直度、衩顶度			

一、前片放码(图 5-1)

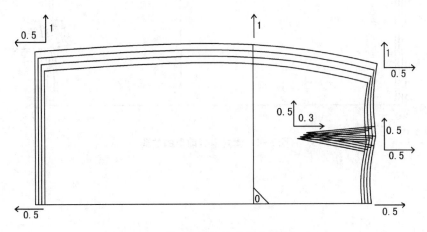

图 5-1　女式西裙前片的放码

二、后片放码(图 5-2)

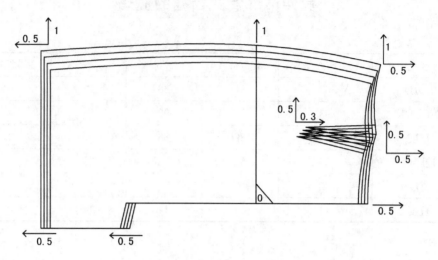

图 5-2　女式西裙后片的放码

三、腰头放码(图 5-3)

图 5-3　女式西裙腰头的放码

四、前里放码(图 5-4)

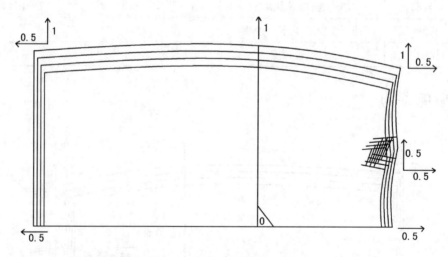

图 5-4　女式西裙前里的放码

五、后里放码(图 5-5)

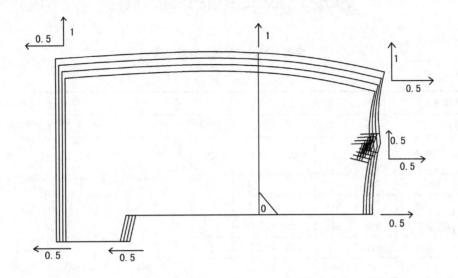

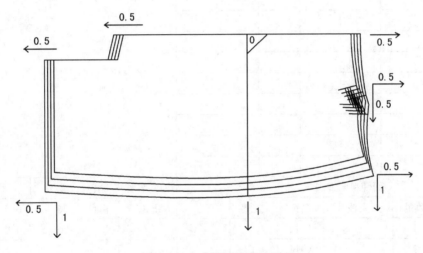

图 5-5　女式西裙后里的放码

第五节 女式褶裙的制板、放码

深圳市××××服装有限公司

生产单

NO:000012

款号:A40003	款式:女裙	季节:秋季	生产厂家:宏大
制单号:275	客户:××	生产日期:2015-5-20	交货日期:2015-6-10

部位 尺码	度法	纸样尺寸	S	M	L	XL
A 后中长	后中度	59	57	58	59	60
B 腰围	弯度	70	66	70	74	78
C 臀围	腰顶下18	93	88	92	96	100
D 摆围	直度	104	99	103	107	111
E 腰头		4	4	4	4	4
F						
G						
H						
I						
J						
K						
L						
M						
N						

款式图:

面辅料明细表

名称	数量	备注	名称	数量	备注
主唛	1		钮扣		
尺码唛	1		钩仔	1	
成份唛	1		橡筋		
吊牌	1		花边		
拉链	1	隐形拉链	胶袋		

辅料明细表

面料名称	颜色	数量	用量	布封
AF0005	白色	265 m	0.6 m/件	1.48 m
	黑色	200 m	0.6 m/件	1.48 m

里料名称	颜色	数量	用量	布封
色丁里	白色	220 m	0.48 m/件	1.5 m
	黑色	200 m	0.48 m/件	1.5 m

衬料名称	颜色	数量	用量	布封
	白色	20	0.05 m/件	90 m
	黑色	15	0.05 m/件	90 m

工艺要求:
1. 布料先缩水后开裁。
2. 线用配色PP402♯线,针距:每3 cm车14针。
3. 左侧缝装隐形拉链,拉链平服。
4. 腰头黏衬,黏衬不能起泡,腰头还要在缝份处黏衬条防止腰头拉大,腰头两侧装挂耳。
5. 锁边顺直,不能有松紧,不能有跳针现象。
6. 下摆面布与里而用线耳牵着,线耳长5 cm左右。
7. 其他工艺参照样衣、纸样。
8. 清除线头、污渍。

裁床数量

数量 颜色	S	M	L	XL	合计
白色	50	150	150	50	400 件
黑色	50	100	100	50	300 件
				共	700 件

设计师:AM	纸样师:张辉	车板师:张艳	制单:王小莉	审核:陈小冬

制图步骤：

（一）前片（图5-6）

（1）画摆边线，前中线。量裙长＝总长＋1（前长比后中长1 cm）＝60 cm，画腰平线。

（2）臀围线：腰围线下量18 cm。

（3）前 H＝H/4＝93/4＝23.25 cm。

（4）侧缝抬高1 cm。

（5）前 W＝W/4＋省＝70/4＋3＝20.5 cm。

（6）前摆＝摆/4＝104/4＝26 cm。画摆围时侧缝抬高1 cm，画成直角。

（7）画侧缝线：腰平线与臀围线连线，分二等份，凸出0.3～0.5 cm，然后画顺侧缝线。

（8）画省道：找腰围线的中点，作腰围线的垂直线，省长10～11 cm，叠起省道画顺腰围线。

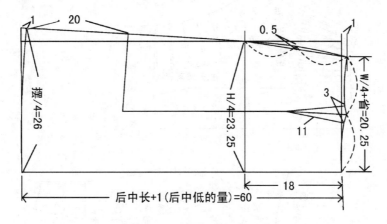

图5-6　女式褶裙的结构图

（二）后片（图5-7）

（1）拷贝前中线、腰平线、臀围线、摆围线、侧缝抬高1 cm线。

（2）后 H＝H/4＝93/4＝23.25 cm。

（3）后 W＝W/4＋省＝69/4＋3＝20.25 cm，从后中降低0.5～1 cm量。

（4）画侧缝线：腰平线与臀围线连线，分二等份，凸出0.3～0.5 cm，然后画顺侧缝线。

（5）画省道：找腰围中点，作腰围线垂直线，省长11～12 cm，叠起省道画顺腰围线。

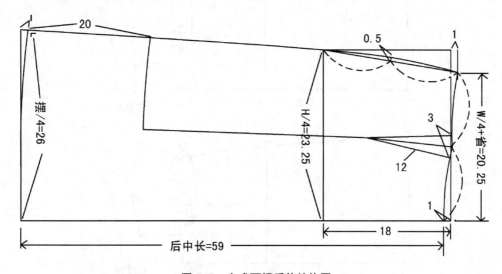

图5-7　女式西裙后片结构图

（三）前片褶的处理方法（图 5-8）

（1）在设定打褶的地方剪开。

（2）然后拉开所需要的量。

（3）画顺线条。

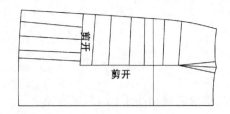

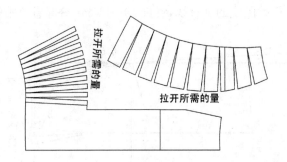

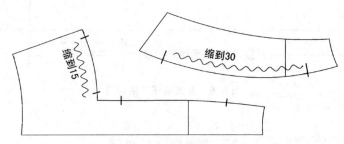

图 5-8　女式褶裙前褶的结构图

（四）腰头结构图（图 5-9）

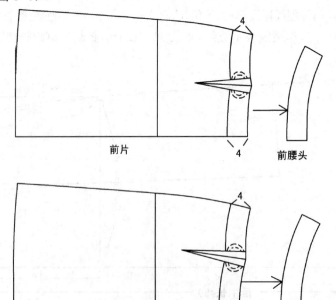

图 5-9　女式西裙腰头结构图

（五）里布结构图（图 5-10）

里布配法：

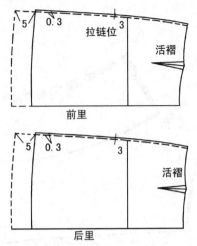

图 5-10　女式褶裙里布结构图

（六）缝份（图 5-11）

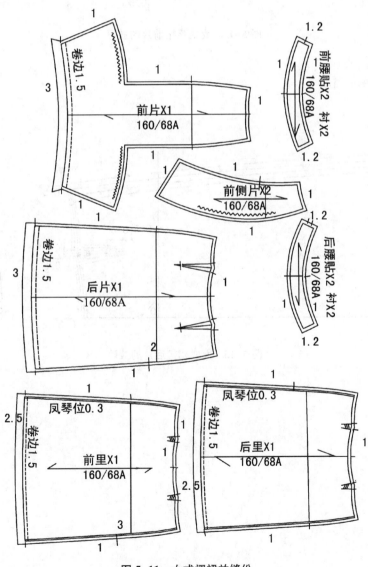

图 5-11　女式褶裙放缝份

（七）前片放码（图 5-12）

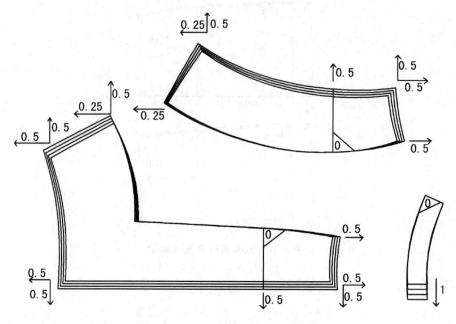

图 5-12　女式褶裙前片的放码

（八）后片放码（图 5-13）

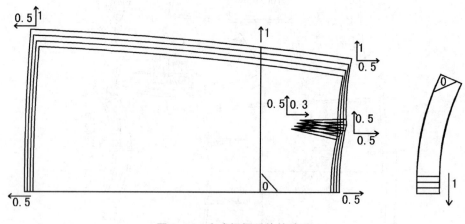

图 5-13　女式褶裙后片的放码

第六节 女式分割线短裙的制板、放码

深圳市 UNIKON 尤尼可服装有限公司
生产单   NO：000066

款号：A40088	款式：女式分割线短裙	季节：冬季	生产厂家：利信
制单号：578	客户：XD	生产日期：2017、10、3	交货日期：2017、10、15

尺码 部位	度法	纸样 尺寸	S	M	L	XL
A 后中长	后中度	53	51.5	52.5	53.5	54.5
B 腰围	弯度	70	66	70	74	78
C 臀围	腰下18	94	89	93	97	101
D 摆围	直度	88	83	87	91	95
E 衩长		14	14	14	15	15
F 拉链		19	19	19	19	19
G 袖口						
H 袖肥						
I 裤长						

款式图：

面辅料明细表

	名称	数量	备注	名称	数量	备注
辅料明细表	主唛	1		钮扣		
	尺码唛	1		钩仔	1	
	成分唛	1		橡筋		
	吊牌	1		花边		
	拉链	1		胶袋	1	

面料名称	颜色	数量	用量	布封
AF0008	白色	265 m	0.5 m/件	1.48 m
	黑色	200 m	0.5 m/件	1.48 m

里料名称	颜色	数量	用量	布封
色丁里	白色	220 m	0.45 m/件	1.5 m
	黑色	200 m	0.45 m/件	1.5 m

衬料名称	颜色	数量	用量	布封
	白色	20	0.05 m/件	
	黑色	15	0.05 m/件	

裁床数量

颜色	S	M	L	XL	合计
白色	50	150	150	50	400 件
黑色	50	100	100	50	300 件

工艺要求：
1. 布料先缩水后开裁。
2. 线用配色 PP402♯线，针距每 3 cm 车 14 针。
3. 后中缝装隐形拉链，拉链平服。
4. 腰贴、后衩黏衬，黏衬不能起泡，腰头还要在缝份处黏衬条防止腰头拉大，腰头两侧装挂耳。
5. 锁边顺直，不能有松紧，不能有跳针现象。
6. 下脚面布与里布用线耳牵着，线耳长 5 cm 左右。
7. 其它工艺参照样衣、纸样。
8. 清除线头、污渍。

设计师：Am	纸样师：张辉	车板师：张艳	制单：王小莉	审核：陈小冬

制图步骤：

（一）前片（图 5-14）

（1）画脚边线、前中线。量裙长＝53＋1（前长比后中长 1 cm）＝54 cm，画腰平线。

（2）臀围线：腰平线下量 18 cm。

（3）前 H＝H/4＝94/4＝23.5 cm。

（4）侧缝抬高 1 cm。

（5）前 W＝W/4＋0.5＋省＝（70/4＋0.5）＋3＝21 cm。

（6）前脚＝脚/4＝88/4＝22 cm。

（7）画侧缝线：腰平线与臀围线连线，分二等份，凸出 0.3～0.5 cm，然后画顺侧缝线。

（8）画省道：找腰围线的中点，作腰围线的垂直线，省长 10～11 cm，叠起省道画顺腰围线。

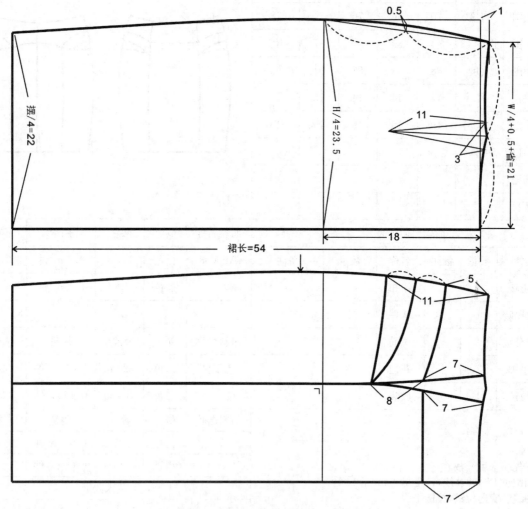

图 5-14　女式分割线短裙前片的结构图

（二）后片（图 5-15）

（1）拷贝前中线、腰平线、臀围线、脚围线、侧缝抬高 1 cm 线。

（2）后 H＝H/4＝94/4＝23.5 cm。

（3）后 W＝W/4－0.5＋省＝70/4－0.5＋3＝20 cm，从后中降低 0.5～1 cm 量。

（4）画侧缝线：腰平线与臀围线连线，分二等份，凸出 0.3～0.5 cm，然后画顺侧缝线。

（5）画省道：找腰围中点，作腰围线垂直线，省长 11～12 cm，叠起省道画顺腰围线。

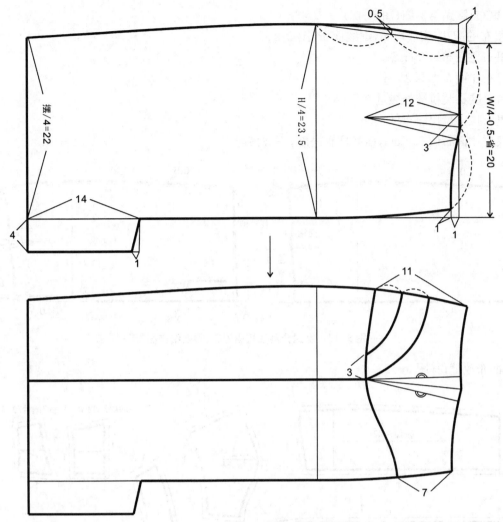

图 5-15　女式分割线短裙后片结构图

（三）侧缝分割线结构图（图 5-16）

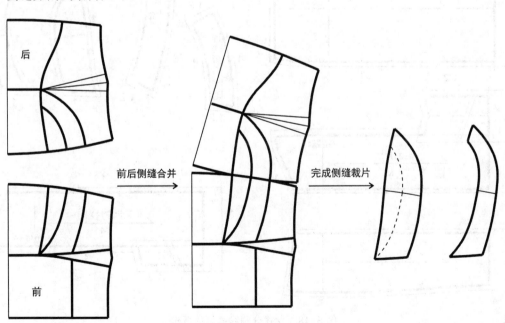

图 5-16　女式分割线短裙侧片结构图

（四）里布、腰贴结构图（图5-17）

西裙里布的配法：实线里布，虚线面布（图2-10）。

（1）里布比面布短3 cm。

（2）里布比面布大0.3 cm。

（3）后里腰头装拉链处撇进0.6 cm。

（4）里布拉链位比面布低1 cm。

（5）衩位比面布低0.6 cm，使衩位有松度，不被吊起。

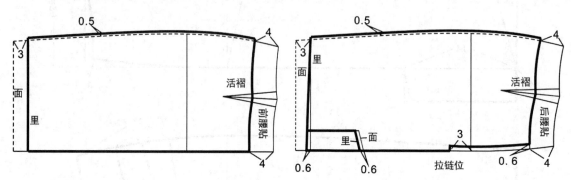

图5-17　女式分割线短裙里布、腰贴结构图

（五）面布放缝份（图5-18）

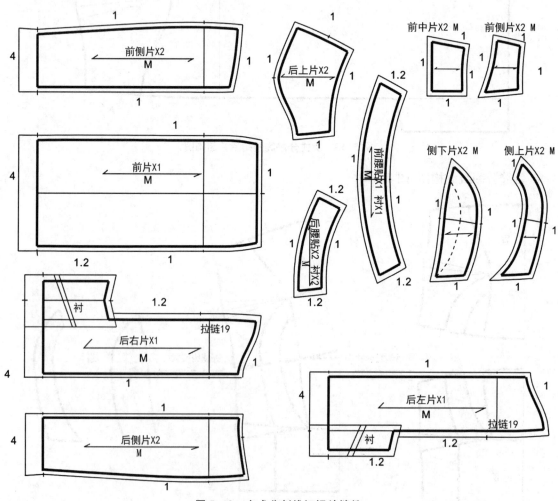

图5-18　女式分割线短裙放缝份

六：里布放缝份（图 5-19）

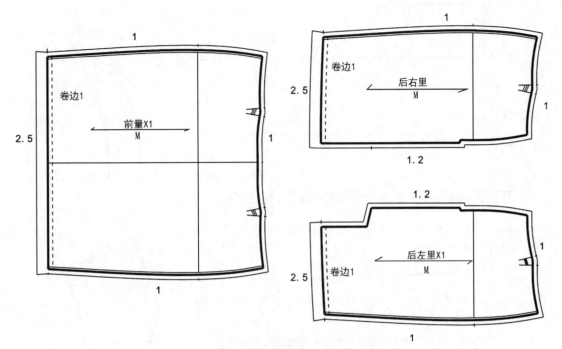

图 5-19　女式分割线短裙里布放缝份

（七）前片放码（图 5-20）

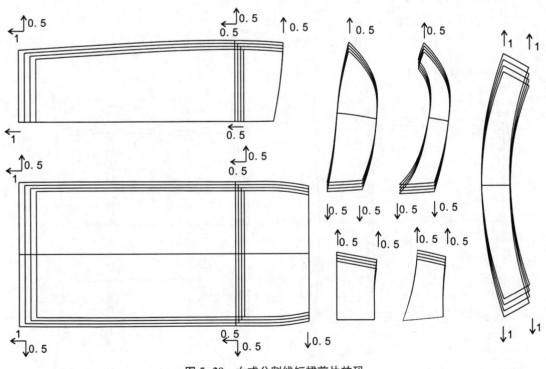

图 5-20　女式分割线短裙前片放码

（八）后片放码（图 5-21）

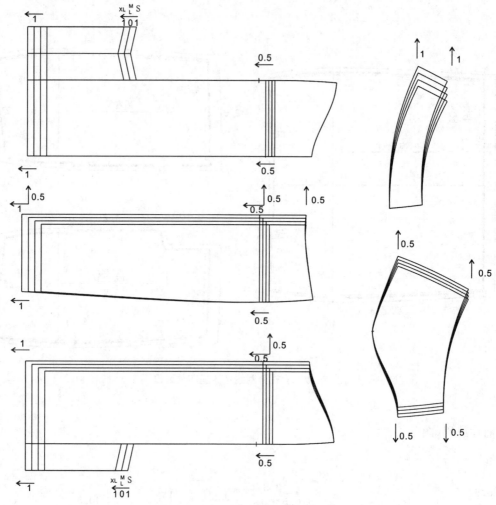

图 5-21　女式分割线短裙后片放码

（九）里布放码（图 5-22）

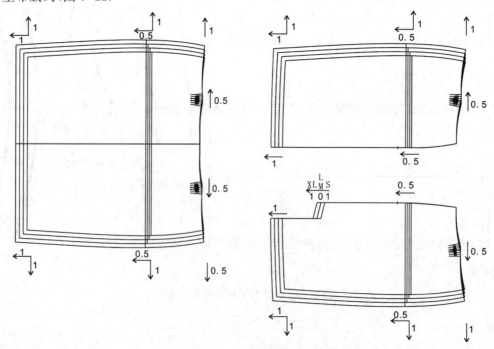

图 5-22　女式分割线短裙里布放码

部位	度法	160/64A 纸样	155/62A	160/66A	165/70A	170/74A	档差
腰围	沿边度	68	63	67	71	75	4
臀围	裆上 9 cm 度	94	89	93	97	101	4
摆围	直度	44	43	44	45	46	1
外长	连腰度	103	100.5	102	103.5	105	1.5
腰头		3	3	3	3	3	0

裤子档差计算、分配和放缩部位：

(1) 裤长：在裤腰和裤摆两边放，上裆裆差在腰缝处放缩，余数在裤摆放缩。

(2) 上裆：取上裆规格档差数值作纵差，在腰缝处放缩。

(3) 前腰围：取 1/4 腰围规格档差数值作横差，取上裆深差作纵差，两边放缩，侧缝一边偏多，前中一边偏少。

(4) 前臀围：取 1/3 上裆档差作纵差，取 1/4 臀围规格档差作横差。两边放缩，侧缝一边偏多，前缝一边偏少。

(5) 前横裆：取 1/2 横裆规格(略减)作横差，两边放缩。

(6) 前摆围：取裤长规格减去上裆档差为纵差，取 1/2 前摆围规格档差为横差。两边均等放缩。

(7) 后腰围：取 1/4 腰围规格档差为横差。取上裆深档差为纵差，有侧缝边多放或全放缩，在后缝边少放缩或不放缩。

(8) 后横裆：取 1/2 横裆规格(略加)档差作横差，两边均等放缩，或后裆处略加。

(9) 后摆围：取裤长规格档差减去上裆差为纵差，取 1/2 后摆围规格档差为横差，两边均等放缩。

(10) 小部位：如省道、袋位取相应部位数值计算推档。

(11) 裤子推档时横裆的上下和裤中线的左右均不推移、放缩。

(一) 前片放码(图 5-23)

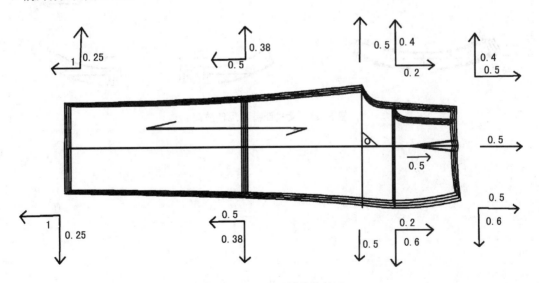

图 5-23　女式西裤前片放码

（二）后片放码（图 5-24）

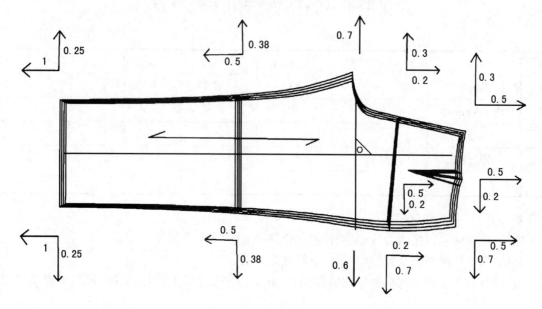

图 5-24　女式西裤后片放码

（三）零配件放码（图 5-25）

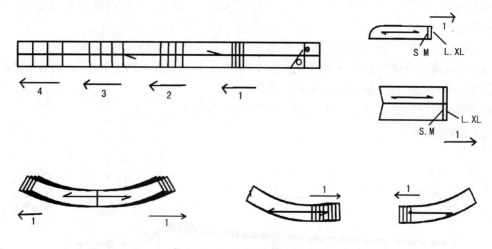

图 5-25　女式西裤零配件放码

第八节 女式七分裤的制板、放码

深圳市××××服装有限公司

生产单

NO:000025

款号:A40009	款式:女七分裤	季节:秋季	生产厂家:宏大
制单号:288	客户:××	生产日期:	交货日期:

	尺码 部位	度法	纸样 尺寸	S	M	L	XL
A	外长	连腰度	66	64	65	66	67
B	腰围	弯度	74	70	74	78	82
C	臀围	裆上9度	93	88	92	96	100
D	大腿围	裆底度	57	53.7	56	58.3	60.6
E	膝围	裆下30度	44	42	43	44	45
F	摆围	直度	40	39	40	41	42
G	前裆	连腰度	22	21.4	22	22.6	23.2
H	后裆	连腰度	31.5	31.1	32	32.9	33.8
I	腰头		4	4	4	4	4
J	耳仔		5×1.3	5×1.3	5×1.3	5×1.3	5×1.3
K	前袋	长×宽	10×7	10×7	10×7	10×7	10×7
L							
M							
N							

款式图:

面辅料明细表

	名称	数量	备注	名称	数量	备注
辅料明细表	主唛	1		钮扣	1	
	尺码唛	1		钩仔	×	
	成分唛	1		橡筋		
	吊牌	1		花边		
	拉链	1	拉链	胶袋	1	

面料名称	颜色	数量	用量	布封
AF0005	白色	265 m	0.65 m/件	1.48 m
	黑色	200 m	0.65 m/件	1.48 m

里料名称	颜色	数量	用量	布封

衬料名称	颜色	数量	用量	布封
	白色	20	0.1 m/件	
	黑色	15	0.1 m/件	

工艺要求:

1. 布料先缩水后开裁。
2. 线用配色PP402♯线,针距每3 cm车14针。
3. 前中装拉链,拉链平服。拉链头距腰不超过0.5 cm。
4. 腰头黏衬,黏衬不能起泡,腰头还要在缝份处黏衬条防止腰头拉大,腰头两侧装挂耳。
5. 锁边顺直,不能有松紧,不能有跳针现象。
6. 下摆环口车1.5 cm单线,顺直,不能有跳针现象。
7. 其他工艺参照样衣、纸样。
8. 清除线头、污渍。

裁床数量

颜色	数量	S	M	L	XL	合计
白色		50	150	150	50	400件
黑色		50	100	100	50	300件
					共:	700件

设计师:AM	纸样师:张辉	车板师:张艳	制单:王小莉	审核:陈小冬

（一）前片（图5-26）

（1）作一条直线为侧缝的辅助线,然后画摆边线,画腰平线,量取外长66 cm。

（2）画立裆线:前裆－(1～1.5)cm＝22－1＝20.5＋1(前中降低的量)＝22 cm,或者直接量取前裆的长度。

（3）前 H:H/4－1＝93/4－1＝22.25 cm。

（4）臀围线:立裆线上8 cm,或将立裆线三等分。

（5）前小裆:(H/20－1)或0.04H,女裤前小裆范围3～4 cm。

（6）裤中线:立裆侧缝和前小裆取中点画裤中线。

（7）膝围线:立裆线下30 cm或摆围线与臀围线取中上4 cm。

（8）前腰围:W/4＋省＝74/4＋2＝20.5 cm。然后根据臀围与腰围的差数来分配腰围,前中撇1 cm,侧缝撇1.25 cm。

（9）画顺前裆线。

（10）前摆:{40－(2～4)}/4＝9 cm。

（11）前膝:{44－(2～4)}/4＝10 cm。

（12）内侧缝:膝围线与立裆线连线,找中点,进0.5 cm画顺内侧缝。

（13）外侧缝:从腰围线经臀围线顺画外侧缝线,臀围线上下2 cm可画平些。

（14）画腰围线:叠起省道画顺腰围线,前中、侧缝成直角。

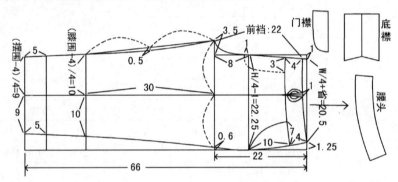

图5-26　女式七分裤前片结构图

（二）后片（图5-27）

（1）拷贝前片轮廓线。

（2）摆围、膝围每边加2 cm。

（3）臀围线侧缝放出3 cm,作臀围线的垂直线,与腰位等高。

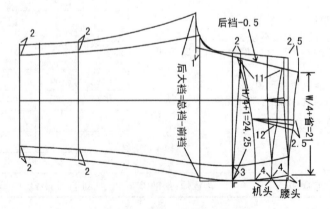

图5-27　女式七分裤后片结构图

（4）后立裆比前立裆低 1 cm。

（5）后腰比前腰（基础线）高 2.5(2～3)cm。

（6）后 H：H/4+1=24.25 cm。

（7）后 W：W/4+省=74/4+2.5=21 cm。从侧缝进 1 cm 开始斜量。

（8）后大腿围：总腿围-前腿围

（9）调节后裆弧线尺寸。

（三）后袋结构图（图 5-28）

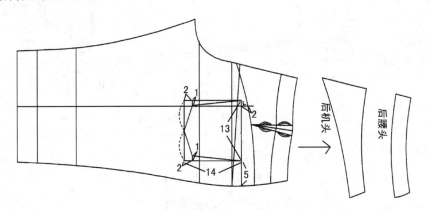

图 5-28　女式七分裤结构图

（四）前袋布结构图（图 5-29）

（五）缝份（图 5-30）

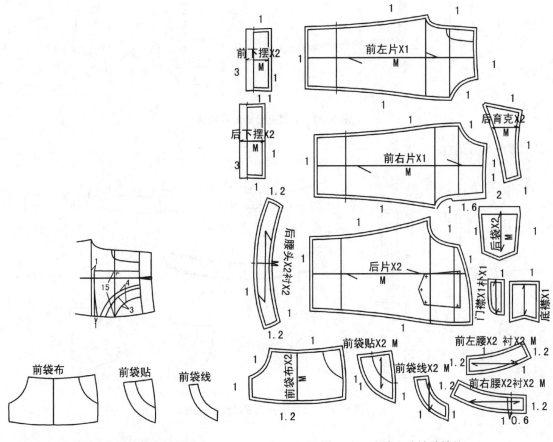

图 5-29　女式七分裤前袋布结构图　　　　图 5-30　女式七分裤放缝份

（六）前片放码（图 5-31）

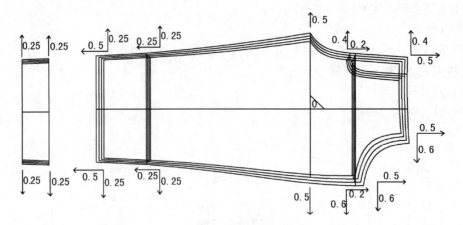

图 5-31　女式七分裤前片放码

（七）后片放码（图 5-32）

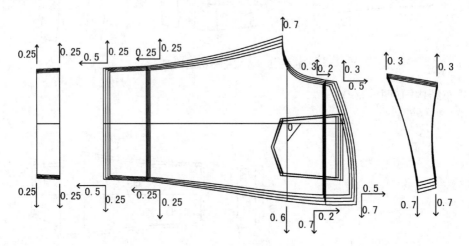

图 5-32　女式七分裤后片放码

（八）零配件放码（图 5-33）

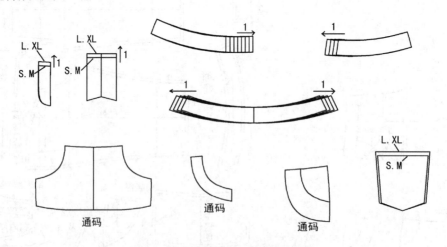

图 5-33　女式七分裤零配件和放码

第九节　女式牛仔裤的制板、放码

深圳市××××服装有限公司

生产单

NO:000019

款号:A40008	款式:女式牛仔裤	季节:秋季	生产厂家:世信
制单号:279	客户:JACK	生产日期:	交货日期:

尺码\部位	度法	纸样尺寸	S	M	L	XL
外长	连腰度	89	85	86	87	88
腰围	沿边度	76	68	72	76	80
臀围	裆上9度	92	84	88	92	96
大腿围	裆下2度	56	52	54	56	58
膝围	裆下30度	34	32	33	34	35
摆围	直度	30	28.5	29.5	30.5	31.5
前裆	连腰度	22.5	21.4	22	22.6	23.2
后裆	连腰度	31	29.6	30	30.6	31.2
腰头		4	4	4	4	4
前袋	宽×长	10×7	10×7	10×7	10.5×7.5	10.5×7.5
后袋	宽×长	13×14		13×14	14×15	14×15
耳仔	宽×长	1.3×5		1.3×5	1.3×5	1.3×5

面辅料明细表

	名称	数量	备注	名称	数量	备注
辅料明细表	主唛	1		工字钮	1	
	尺码唛	1		撞钉	4	
	成分唛	1		橡筋		
	吊牌	1		花边		
	拉链	1	铜拉链	胶袋	1	

面料名称	颜色	数量	用量	布封
AF0008	白色	450 m	0.9 m/件	1.48 m
	黑色	450 m	0.9 m/件	1.48 m
	黄色	360 m	0.9 m/件	1.48 m
里料名称	颜色	数量	用量	布封
衬料名称	颜色	数量	用量	布封

工艺要求:
1. 线用配色PP604#线,针距每3 cm车12针。
2. 前中装铜牙拉链,拉链平服。
3. 腰头宽窄一致,车明线顺直,不准有跳针现象。
4. 锁边顺直,不能有松紧,不能有跳针现象。
5. 下摆环口车1.5 cm单线。
6. 后机头,后裆,车0.6 cm双线,双线顺直,不准有接线现象。
7. 其它工艺参照样衣、纸样。
8. 清除线头、污渍。
9. 缩水率:经纱－3%,纬纱－2%,先成品。酰素＋软油洗水。

裁床数量

数量\颜色	S	M	L	XL	合计
白色	50	200	200	50	500 件
黑色	50	200	200	50	500 件
黄色	50	150	150	50	400 件
				共:	1 400 件

设计师:AM	纸样师:张辉	车板师:张艳	制单:王小莉	审核:陈小冬

牛仔裤是指用牛仔面料加工缝制而成的裤仔,然后进行水洗(一种是洗布料,一种是洗成品)。如果是洗 布料,纸样就可不加缩水率,如果是洗成品,纸样就要加缩水率。首先要测试布料的缩水率,每种颜色、品种都要剪出来去试缩水。注意一般布头2米不能试缩水。取 $50\,cm \times 50\,cm$ 或 $100\,cm \times 100\,cm$,用缝纫机车好四个摆,然后送是洗水,洗水的方法很多。例:普洗、普洗+软、酵素洗、酵素+软、漂洗、砂洗等。计算缩水率:长度/(1-缩水率)×100%即可。

制图步骤：

(一) 前片(图5-34)

(1) 作一条直线为侧缝的辅助线,然后画摆边线、腰平线,量取外长89 cm。

(2) 画立裆线:前裆-(1~1.5)cm=22.5-1=20.5+1(前中降低的量)=22.5 cm

(3) 前H:H/4-1=92/4-1=22 cm。

(4) 臀围线:立裆线上8 cm,或将立裆线三等分。

(5) 前小裆:(H/20-1)或0.04H,女裤前小裆范围3~4 cm,本款用3.5 cm。

(6) 裤中线:立裆侧缝和前小裆取中点画裤中线。

(7) 膝围线:立裆线下30 cm或摆围线与臀围线取中上4 cm。

(8) 前腰围:W/4+省=76/4+0.5=19.5 cm。然后根据臀围与腰围的差数来分配腰围,前中撇1 cm,侧缝撇1.5 cm。

(9) 画顺前裆线。

(10) 前摆:{30-(2~4)}/4=6.5 cm。

(11) 前膝:{34-(2~4)}/4=7.5 cm。

(12) 内侧缝:膝围线与立裆线连线,找中点,进0.5 cm画顺内侧缝。

(13) 外侧缝:从腰围线经臀围线顺画外侧缝线,臀围线上下2 cm可画平些。

(14) 画腰围线:叠起省道画顺腰围线,前中、侧缝成直角。

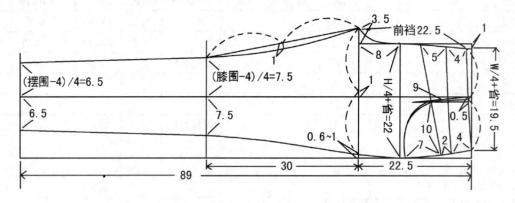

图 5-34　女式牛仔裤前片结构图

(二) 后片(图5-35)

(1) 拷贝前片轮廓线。

(2) 摆围、膝围每边加2 cm。

(3) 臀围线侧缝放出3 cm,作臀围线的垂直线,与腰位等高。

(4) 后立裆比前立裆低1.5 cm。弹力布可低1~2 cm。

(5) 后腰比前腰(基础线)高2.5(2~3)cm。

(6) 后H:H/4+1=24 cm,从侧缝进1 cm开始斜量。

（7）后 W：W/4＋省＝76/4＋2＝21 cm，侧缝进 1 cm 开始斜量。

（8）后大腿围＝总腿围－前腿围

（9）调节后裆弧线尺寸。

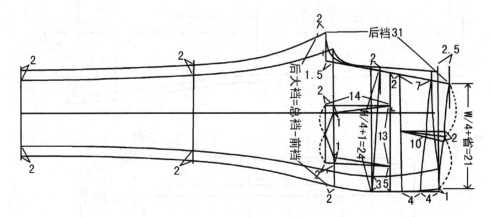

图 5-35　女式牛仔裤后片结构图

（三）前袋结构图（图 5-36）

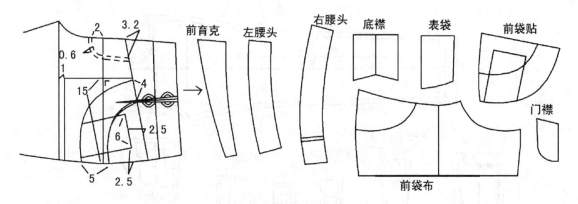

图 5-36　女式牛仔裤前袋结构图

（四）后袋结构图（图 5-37）

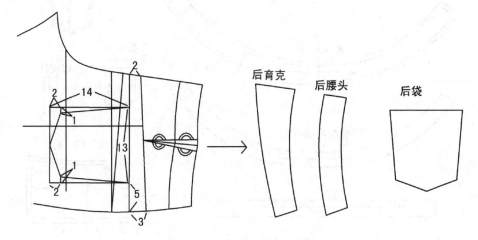

图 5-37　女式牛仔裤后袋结构图

（五）缝份(图 5-38)

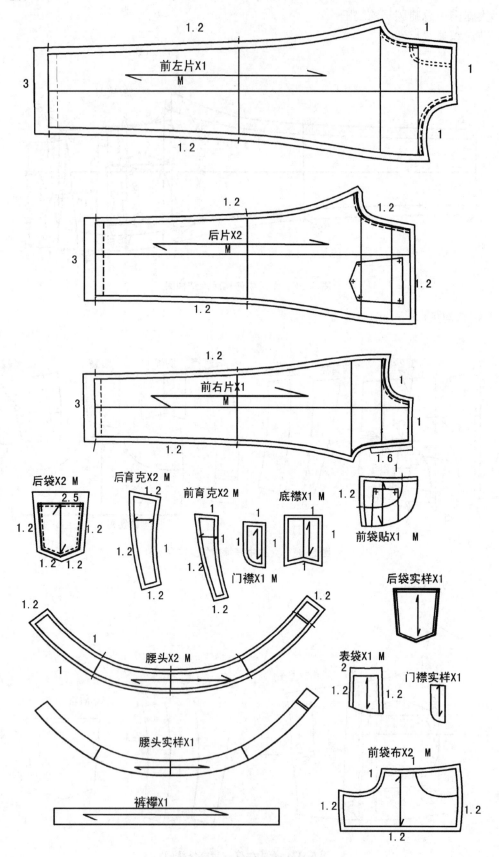

图 5-38　女式牛仔裤放缝份

（六）前片放码（图 5-39）

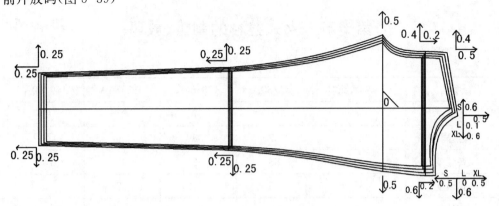

图 5-39　女式牛仔裤前片放码

（七）后片放码（图 5-40）

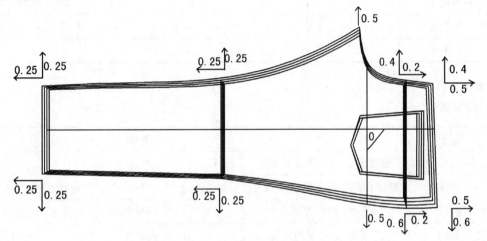

图 5-40　女式牛仔裤后片放码

（八）零配件放码（图 5-41）

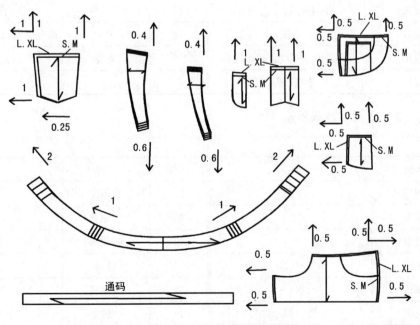

图 5-41　女式牛仔裤零配件放码

第十节　女式衬衫的制板、放码

部位	度法	160/84A 纸样	155/80A	160/84A	165/88A	170/92A	档差
后中长	后中度	58	55.5	57	58.5	60	1.5
肩宽	肩至肩度	38.5	37	38	39	40	1
胸围	夹底度	93	88	92	96	100	4
袖长	肩顶度	57	55	56	57	58	1
袖头宽	边至边度	22	20.5	21.5	22.5	23.5	1
袖头高	直度	3	3	3	3	3	0
领围	扣起度	39	37	38	39	40	1
下级领高	后中度	3	3	3	3	3	0
上级领高	后中度	4.5	4.5	4.5	4.5	4.5	0

学习提示:

1. 上装的度法

序号	部位	度法	序号	部位	度法
1	胸围	袖窿底度、袖窿下几厘米度	11	小肩	直度
2	腰围	肩顶下度、后中下度、袖窿下度	12	臀围	袖窿下度、肩顶度、后中度
3	摆围	直度、弯度、衩顶度	13	后背宽	后中度、肩顶度
4	领围	扣起度、边至边度	14	前胸宽	肩顶度
5	袖窿	弯度、直度	15	领外长	直度、沿边度
6	袖肥	袖窿底度、袖窿下度	16	领高	后中度
7	袖头	扣起度、边至边度	17	后领横	直度、弯度
8	袖口	直度	18	袖肘	袖窿下度、肩顶度、内长一半度
9	袖长	肩顶度、后中度、领边度	19	肩宽	直度、V 度
10	衣长	后中度、肩顶度			

2. 女上装 5.4 系列的基本放码档差

单位:cm

序号	部位	档差	序号	部位	档差
1	胸围	±4	11	后领深	±0.05
2	腰围	±4	12	前领宽	±0.2
3	摆围	±4	13	前领深	±0.2
4	领围	±0.8(0.8~1)	14	肩斜	±0.2(0~0.2)
5	衣长	±2(1~2)	15	后背宽	±1(1~1.2)
6	袖肥	±1.6(1~1.6)	16	前胸宽	±1(1~1.2)

序号	部位	档差	序号	部位	档差
7	袖长	±1.5(1~1.5)	17	袖山高	±0.4(0.3~0.6)
8	袖口	±1	18	胸围线	±0.8(0.5~0.8)
9	肩宽	±1(1~1.2)	19	腰节位	±1
10	后领宽	±0.2	20		

3. 校正纸样

（1）尺寸

（2）前后片肩缝合起来，领圈要圆顺，袖窿圈要圆顺。

（3）侧缝合起来，袖窿底要圆顺，宽松的可不圆顺。

（4）腋下省合起来，侧缝要圆顺。

（5）袖缝合起来，袖窿圈圆顺，合体的服装要与衣身的袖窿底吻合。

（6）袖口圆顺。

（一）后片放码（图 5-42）

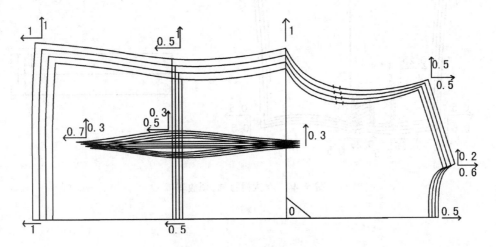

图 5-42 女式衬衫后片放码

（二）前片放码（图 5-43）

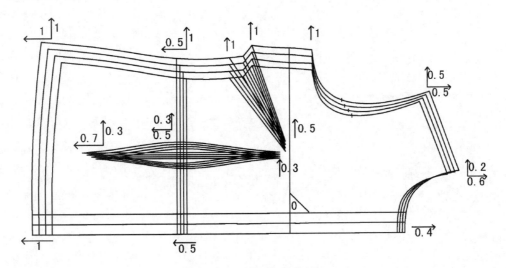

图 5-43 女式衬衫前片放码

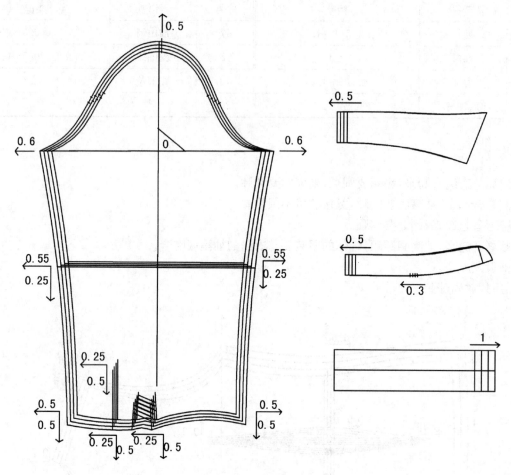

图 5-44　女式衬衫袖、领放码

第十一节 女式短袖衬衫的制板、放码

××××服饰有限公司

生产制单   NO:00043

客户:POK		工厂:宏展		款号:L0088		订单数:1800件		下单日期:	
季节:春季		主唛:EMIS		款式:女式短袖衬衫		实裁数:		出货日期:	
面布用量:0.9Y/件				里布用量:			衬布用量:0.1Y/件		

部位	度法	纸样尺寸	S	M	L	XL	颜色	S	M	L	XL	合计
后中长	后中度	55	53	54	55	56	白色	100	200	200	100	600件
肩宽	直度	38	36.5	37.5	38.5	39.5	黑色	100	200	200	100	600件
胸围	袖窿底度	91	86	90	94	98	红色	100	200	200	100	600件
腰围			74	71	75	79	83				共:	1800件
摆围	直度	96	91	95	99	103	物料	用量		物料		用量
袖长	肩顶度	18	17	17.5	18	18.5	主唛	1		钮扣		7
袖口	直度	30	27.8	29	30.2	31.4	烟治	1		拉链		
袖头高	直度	2	2	2	2	2	洗水唛	1		钩仔		
领围	扣起度	39	37	38	39	40	挂牌	1		橡根		
下级领	后中度	3	3	3	3	3	衣架			花边		
上级领	后中度	4.5	4.5	4.5	4.5	4.5	胶袋	1				
							拷贝纸	1				
							面料成本:					
							里料成本:					
							物料成本:					
							总成本:					

工艺要求:
1. 线用配色PP402线,针距每3 cm车14针。
2. 领、门筒、袖头车线顺直,不准有接线及跳针现象。
3. 前后省要车尖,左右对称,线尾须打结。
4. 肩缝、侧缝、袖缝做三线,锁边大小宽窄一致。
5. 下摆返环口车1 cm单线,车线顺直。
6. 黏衬位:领、门筒、袖头。黏衬不能有起泡、渗胶现象。
7. 清除线头、污渍。整烫平整,不能有烫黄、反光现象。
8. 其他做法参照样衣。

审核:BM	制单:李小玲	设计:AM	纸样:陈瑶

制图步骤：

（一）后片（图 5-45）

（1）画后中线，领平线，量取后领横 7.1 cm，后领深 2.5 cm，肩斜 15:5 cm。女衬衫后领横一般 7.1～7.5 cm，后领深 2～2.5 cm，本款加宽 0.4 cm。

（2）后肩宽：S/2＝38/2＝19 cm。

（3）胸围线：B/6＋（6～7）＝90/6＋（6～7）＝21 cm，衬衫一般控制在 21～23 cm 左右。

（4）腰围线：38 cm。

（5）臀围线 18 cm。

（6）后中长 55 cm。

（7）后 B：B/4－0.5＝（91＋1）/4－0.5＝22.5 cm。

（8）画后袖窿圈：肩点画入 1.8 cm，找背宽线中点，画顺后袖窿圈。

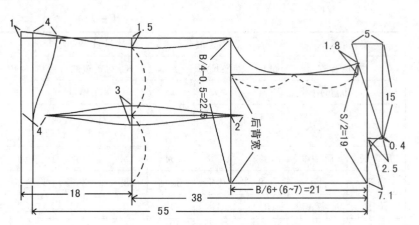

图 5-45　女式短袖衬衫后片结构图

（9）分配腰围尺寸：（总 B－总 W）/2＝（92－74）/2＝9 cm。侧缝撇进 1.5 cm，省道做 3 cm。

（10）分配摆围尺寸：（总摆围－总 B）/2＝（96－92）/2＝2 cm。侧缝加出 1 cm。

（二）前片（图 5-46）

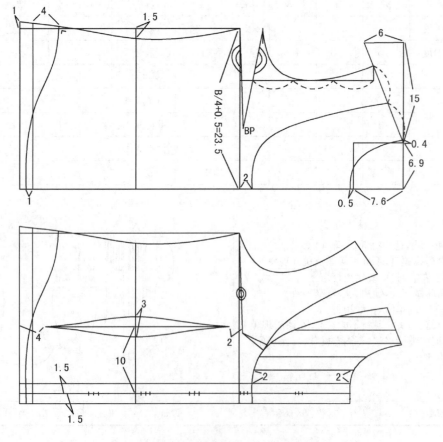

图 5-46　女式短袖衬衫前片结构图

(1) 拷贝前中线、胸围线、腰围线、臀围线、摆边线,上平线比后上平线高 0.5 cm。

(2) 前领横 6.9 cm、前领深 7.6 cm;前肩斜 15:6 cm;前领横加宽 0.4 cm,前领深加深 0.5 cm。

(3) 前小肩:后小肩−(0.2~0.5)cm。

(4) 前 B:B/4+0.5=23.5 cm。

(5) 前胸宽:后背宽−1。

(6) 胸省设 3.5 cm。BP 点:距肩线 24.5 cm,距前中线 9 cm。

(7) 前片裁片(图 5-47)

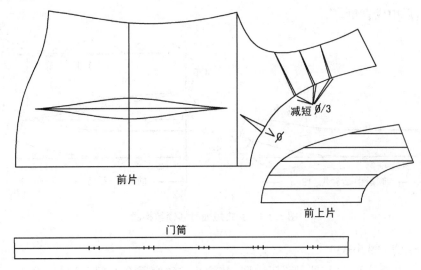

图 5-47 女式短袖衬衫前片结构图

(三) 袖(图 5-48)

(1) 量取袖窿圈:前 AH=22 cm、后 AH=23 cm、总 AH=45 cm。

(2) 袖山高=AH/3−(0~1.5)cm。合体衬衫一般 13~15 cm。

(3) 袖斜线:前=总 AH/2−0.5=22 cm;后=总 AH/2=22.5 cm。前袖斜线分四等分,后袖斜线分三等分,第一等份再分二等分。数值控制如图。

(4) 溶位:化纤面料控制在 1 cm 左右,棉面料控制在 2 cm 左右。

(5) 袖长=总袖长−育克=18−2=16 cm。

(6) 1/2 袖口=袖口/2=15 cm。

(7) 袖褶(图 5-49)

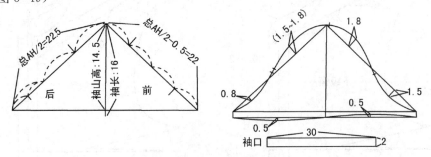

图 5-48 女式短袖衬衫袖结构图

图 5-49 女式短袖衬衫袖褶结构图

（四）领

1. 方法一：独立制图（图 5-50）

（1）量取前后领围弧长 19.5 cm。把它分成三等分。

（2）前中抬高 2(1.5～3)cm，抬得越高，抱脖越紧。

（3）后领高 3 cm，领嘴 3 cm，门筒位 1.5 cm。

（4）上级领装领点进 0.5 cm，作后中的垂直线。抬高 3 cm 与前装领点连成一条直线。

（5）后领高 4.5 cm，作后中垂直线，领尖出 3 cm，然后把它分成三等分。第一等分凹下 0.3 cm，上级领底线凹上 1 cm，后中成直角。

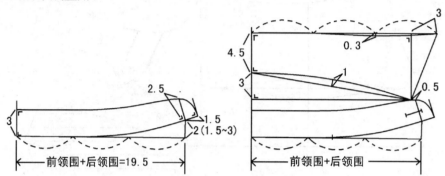

图 5-50　女式短袖衬衫领结构图

2. 方法二：套裁法（图 5-51）

（1）作切线：一般情况下，领切线越靠近上限，装领线与领窝重合的部分越多，成型后的立领前抱颈越紧，一般情况下可设前横开领 1/2 以下。通常前中控制在 0.5～2 cm。

（2）确定领肩对位点。作出领圈长度：15:(1～3)cm，然后画顺，本款用 15:2。

（3）量取后领的长度，作垂直线，量后领高 3 cm，画领外围线和前中线。前中控制在 2.5 cm 左右。

（4）画上级领：从下级领前中提高 1.5 cm，进 0.5 cm，量取两线段长度相等。

（5）上级领后领高 4.5 cm，作后领的垂直线。

（6）上级领领嘴处放出 3 cm，上级领外线凹 0.5 cm。

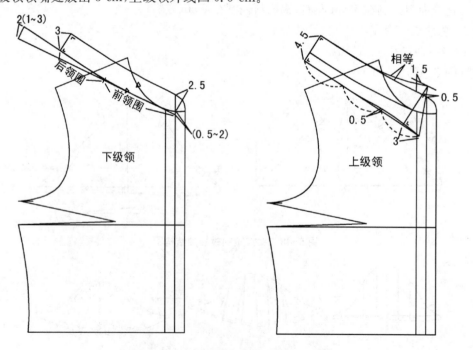

图 5-51　女式短袖衬衫领套裁法结构图

（五）缝份（图 5-52）

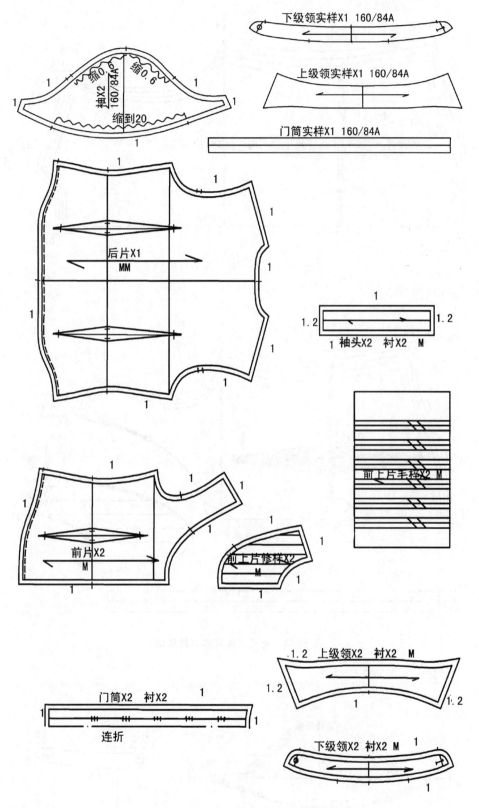

下级领实样X1 160/84A

上级领实样X1 160/84A

门筒实样X1 160/84A

袖X2
160/84A
缩0.6
缩0.6
缩到20

后片X1
MM

袖头X2 衬X2 M

前上片毛样X2 M

前片X2
M

前上片修样X2
M

上级领X2 衬X2 M

门筒X2 衬X2
连折

下级领X2 衬X2 M

图 5-52 女式短袖衬衫放缝份

（六）后片放码（图 5-53）

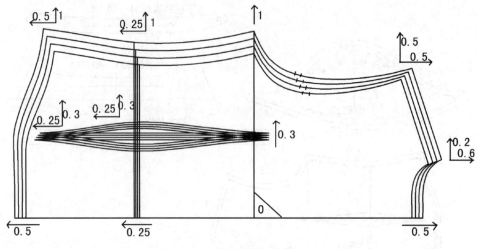

图 5-53　女式短袖衬衫后片放码

（七）前片放码（图 5-54）

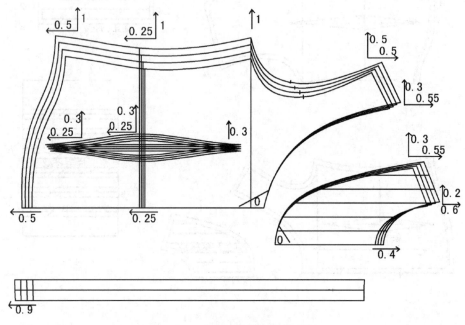

图 5-54　女式短袖衬衫前片放码

（八）袖、领放码（图 5-55）

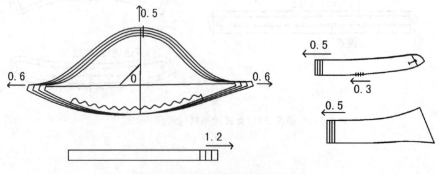

图 5-55　女式短袖衬衫袖、领放码

第十二节　女式吊带连衣裙的制板、放码

天丽××服饰有限公司

生产制单

NO:00096

客户:POK	工厂:宏展	款号:L0078		订单数:1800 件	下单日期:18.7.22
季节:春季	主唛:EMIS	款式:女式连衣裙		实裁数:	出货日期:18.8.15

| 面布用量:1.5Y/件 | | | | 里布用量:1Y/件 | | | | 衬布用量: | | |

部位	度法	纸样尺寸	S	M	L	XL	颜色	S	M	L	XL	合计
后中长	后中度	111	108	110	112	114	白色	100	200	200	100	600
胸围	夹底度	90	85	89	93	97	黑色	100	200	200	100	600
腰围		72	69	73	77	81	红色	100	200	200	100	600
脚围	直度	166	161	165	169	173						

物料	用量	物料	用量
主唛	1	钮扣	
烟治	1	拉链	1
洗水唛	1	钩仔	
挂牌	1	橡根	
衣架		花边	
胶袋	1		
拷贝纸	1		
		面料成本:	
		里料成本:	
		物料成本:	
		总成本:	

工艺要求:

1. 线用配色 PP402 线,针距每 3 cm 车 14 针。

2. 腰部断开,拼接平服,前腰省。

3. 侧缝装拉链,拉链平服,车线顺直。

4. 后面打两个腰省,省尖平服。

5. 前左分割线处开衩,车 0.6 cm 单线,车线顺直。

6. 下脚返环口车 1 cm 单线,车线顺直。

7. 清除线头、污渍。整烫平整,不能有烫黄、反光现象。

8. 其它做法参照样衣。

审核:BM	制单:李小玲	设计:AM	纸样:陈瑶

制图步骤:

(一) 后片(图 5-56)

(1) 画后中线、领平线,量取后领横 7.1 cm,后领深 2.5 cm,肩斜 15:5 cm。

(2) 胸围线:B/6+(6~7)=88/6+(6~7)=21 cm。吊带连衣裙一般控制在 20~22 cm 左右。

（3）腰围线：38 cm。

（4）臀围线 18 cm。

（5）后中长 101 cm。后中长+1（后中腰处降低的量）=110+1=111 cm。

（6）后 B：B/4−0.5=90/4−0.5=22 cm。其中 1 cm 为省损耗的量。

（7）分配腰围尺寸：（总 B−总 W）/2=（90−72）/2=9 cm。侧缝撇进 1.5 cm，省道做 3 cm。

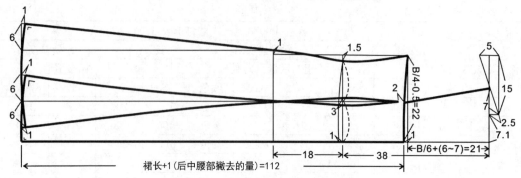

图 5-56　女式吊带连衣裙后片结构图

（二）前片（图 5-57）

（1）延长胸围线、腰围线、臀围线、脚边线，上平线比后上平线高 0.5 cm。

（2）前领横 6.9 cm，前领深 7.6 cm，前肩斜 15∶6 cm。

（3）前 B：B/4+0.5=23 cm。

（4）胸省设 3.5 cm。BP 点：距肩线 24.5 cm、距前中线 9 cm。

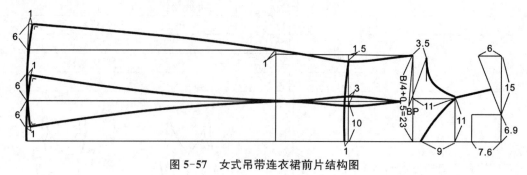

图 5-57　女式吊带连衣裙前片结构图

（7）前片转省结构处理（图 5-58）

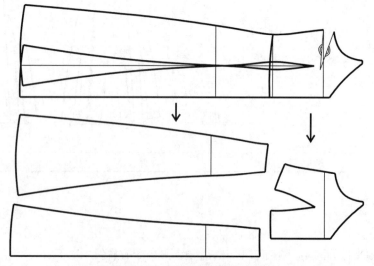

图 5-58　女式吊带连衣裙转省处理

（三）面布放缝份（图 5-59）

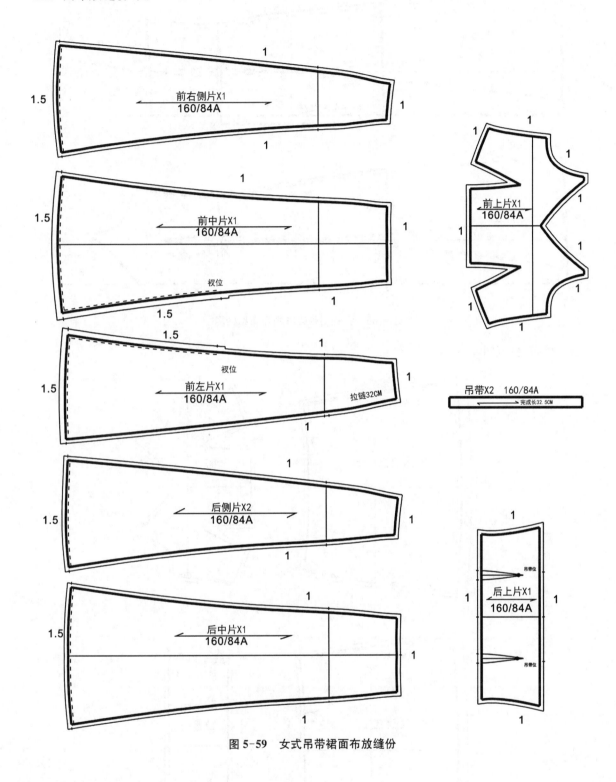

前右侧片X1
160/84A
1.5
1
1

前中片X1
160/84A
1.5
1
视位
1.5
1

1.5
视位
前左片X1
160/84A
拉链32CM
1

后侧片X2
160/84A
1.5
1
1

后中片X1
160/84A
1.5
1
1

前上片X1
160/84A
1
1

吊带X2   160/84A
完成长32.5CM

后上片X1
160/84A
吊带位
吊带位
1

图 5-59　女式吊带裙面布放缝份

（四）里布结构图（图 5-60）

虚线为面布，实线为里布。

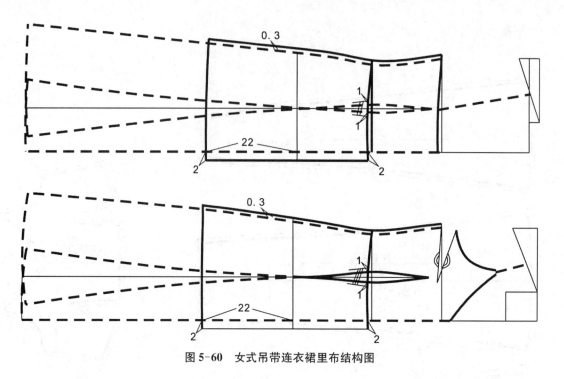

图 5-60　女式吊带连衣裙里布结构图

（五）里布缝份（图 5-61）

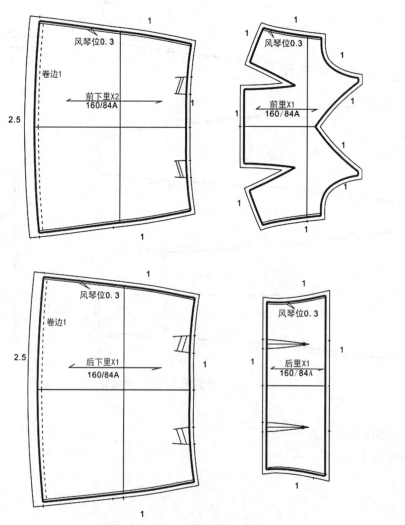

图 5-61　女式吊带裙里布放缝纷

（六）面布放码（图 5-62）

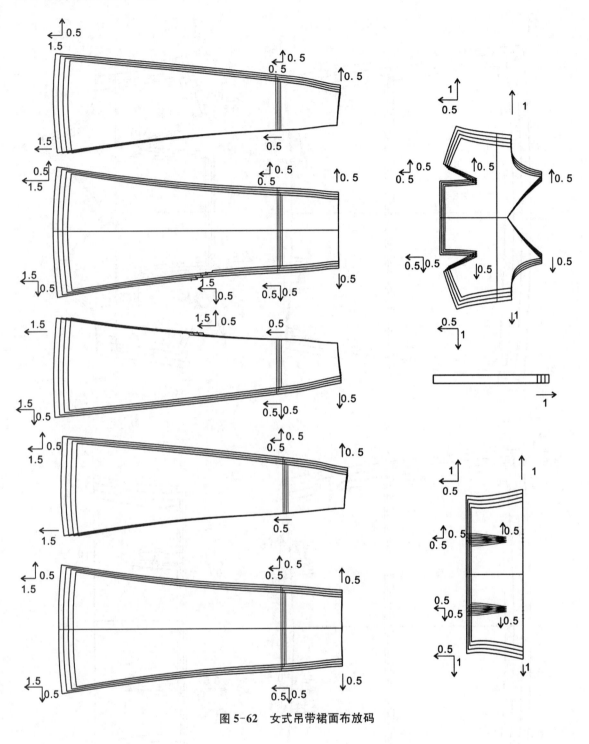

图 5-62　女式吊带裙面布放码

（七）里布放码（图 5-63）

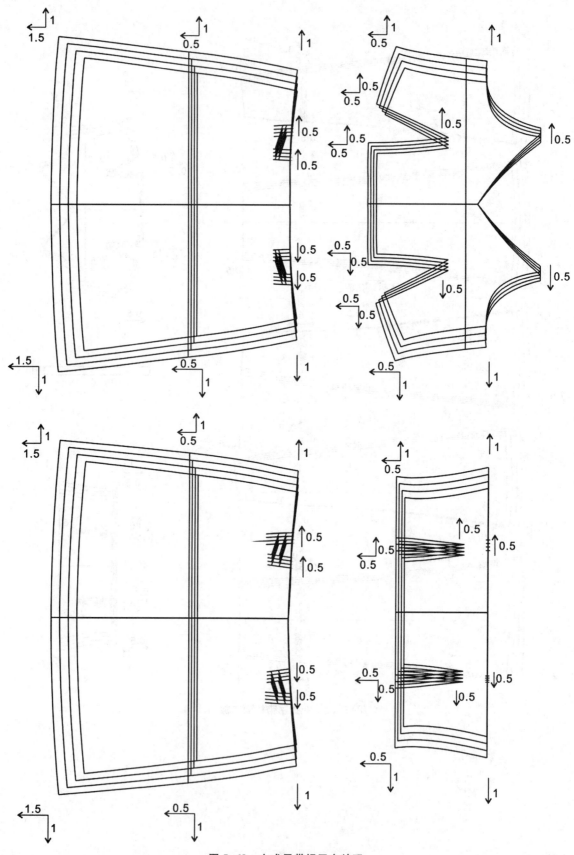

图 5-63　女式吊带裙里布放码

第十三节 女式平驳领西装的制板、放码

××××服饰有限公司

生产制单 NO:00069

客户:POK	工厂:宏展	款号:L0077	订单数:1800件		下单日期:
季节:冬季	主唛:EMIS	款式:女式平驳领西装	实裁数:		出货日期:
面布用量:1.2Y/件		里布用量:1Y/件		朴布用量:0.5Y/件	

部位	度法	纸样尺寸	S	M	L	XL	颜色	S	M	L	XL	合计
衣长	后中度	54	52	53	54	55	白色	100	200	200	100	600件
肩宽	直度	38.5	37	38	39	40	黑色	100	200	200	100	600件
胸围	袖窿底度	93	88	92	96	100	红色	100	200	200	100	600件
腰围		77	74	78	82	86					共	1800件
摆围	直度	98	93	97	101	105	物料	用量		物料		用量
袖长	肩顶度	58	56	57	58	59	主唛	1		钮扣32#		1
袖口	直度	25	23	24	25	26	烟治	1		钮扣24#		2
袖肥	袖窿底度	33.5	31.8	33	34.2	35.4	洗水唛	1		钩仔		
领高	后中度	7.5	7.5	7.5	7.5	7.5	挂牌	1		橡根		
胸袋	宽×长	9×11	9×11	9×11	10×12	11×12	衣架			花边		
袋盖	宽×高	9×5	9×5	9×5	10×5	10×5	胶袋	1				
							拷贝纸	1				
							面料成本:					
							里料成本:					
							物料成本:					
							总成本:					

工艺要求:
1. 线用配色PP402线,针距:每3 cm车14针。
2. 领平服,左右对称,不反吐子口。不准有接线及跳针现象。
3. 前左右各一个胸袋,左右对称,袋盖要盖住口袋。
4. 上袖圆顺,不能起皱,两袖前后一致,长短致。
5. 套里布子口大小一致,不能有吊起和起皱现象。
6. 黏衬位:领、后背、袖口、前片、后下摆、袋盖。黏衬不能有起泡、渗胶现象。
7. 清除线头、污渍。整烫平整,不能有烫黄、反光现象。
8. 其他做法参照样衣。

审核:BM	制单:李小玲	设计:AM	纸样:陈瑶

制图步骤：

（一）后片（图 5-64）

（1）后领横 7.1 cm，后领深 2.5 cm，肩斜 15:5，套装后领横一般 7.5~8 cm，本款领横加宽 0.5 cm。

（2）后肩宽：$S/2=19.25$ cm。

（3）胸围线：$B/6+(6~7)=22$ cm，套装一般控制在 21~23 cm 左右。

（4）腰围线：38 cm，臀围线 18 cm，后中长 54 cm。

（5）后 B：$B/4-0.5=(93+3)/4-0.5=23.5$ cm。

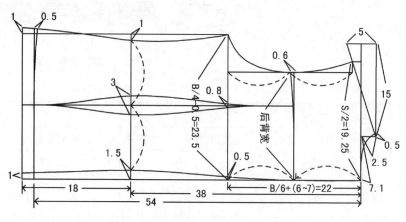

图 5-64　女式平驳领西装后片结构图

（6）分配腰围尺寸：（总 B－总 W）$/2=(96-77)/2=9.5$ cm，侧缝撇进 1 cm，后中撇 1.5 cm 省道做 3 cm。

（7）分配摆围尺寸：（总摆围－总 B）$/2=(98-96)/2=1$ cm，侧缝加出 1 cm，后中撇进 1 cm。

（二）前片（图 5-65）

（1）上平线比后上平线高 0.5 cm。前中撇胸 0~1 cm。前领横：6.9 cm、前肩斜：15:6，前肩宽加宽 0.5 cm，前领深加深：$B/10-(4~5)=5.2$ cm，前领深可以变化。

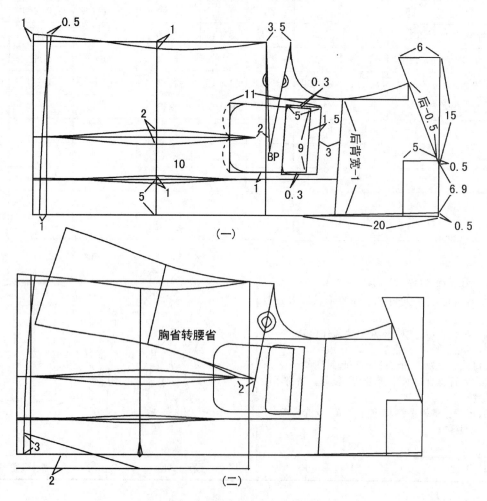

图 5-65　女式平驳领西装前片结构图

(2) 前小肩：后小肩－(0.2～0.5)cm＝11.9－0.5＝11.4 cm。

(3) 前 B：B/4＋0.5＝24.5 cm。

(4) 前胸宽：后胸宽－1＝17.45－1＝16.45 cm。

（三）领（图 5-66）

(1) 翻折线：从肩点放出 2(2～2.5)cm，与第一个钮连成一道直线。

(2) 把前领深分成三等份，第一等份与前中撇了的线连成一道直线。驳头宽：一般可画 8(7～8)cm，与驳领起点连成一道直线，然后分成三等份，在第一等份放出 0.3(0.3～0.5)cm。画顺驳领外口。

(3) 作翻折线的平行线，距离 2.5 cm，再此线作平行线 3.5 cm，量取后领弧长 8.5 cm，从平行线肩线交点开始量，作后领弧长的垂直线，取领中高 7.5(7～7.5)cm，作中垂直线，画领角，三边长为 4 cm，翻领外线分三等份，在第一份降低 0.5 cm。

(4) 领窝点进 0.6(0.6～1)cm，与肩点连成一条直线，与后领中连成一条弧线，在后中作翻折线 2.5(2.5～3)cm。

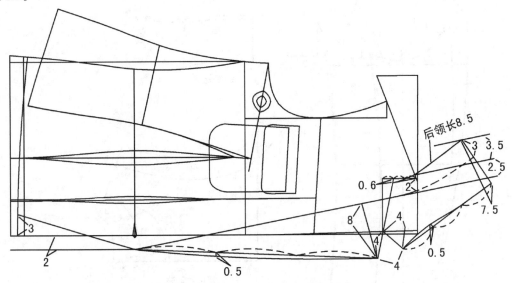

图 5-66 女式平驳领西装领结构图

（四）袖（二片袖）（图 5-67）

(1) 量取 AH＝46.5 cm(前 AH：23 cm 后：23.5 cm)。

(2) 袖山高：AH/3＋(0～1)＝16 cm，一般控制在 15～17 cm。

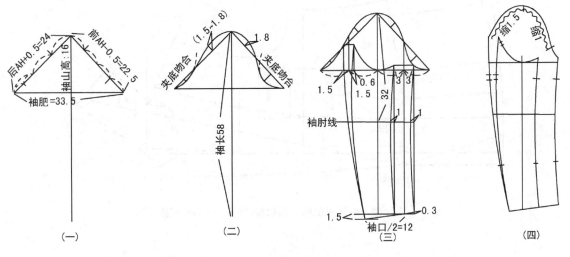

图 5-67 女式平驳领西装袖结构图

（3）前袖斜线：前 AH－0.5＝22.5 cm,后袖斜线：后 AH＋0.5＝24 cm。

（4）前分四等分,后分三等分,第一等分再分二等分,数值控制如图。

（5）把前袖肥分成二等分,作袖肥线的垂直线,在垂直线两边平衡画 3.cm 的线,高度到袖弧线。

（6）把后袖肥分成二等分,作袖肥线的垂直线,在垂直线两边平衡画 1.5 cm 的线,高度袖弧线,然后把小袖弧线画出来。

（7）袖溶位：化纤 2 cm 左右;毛涤混纺料 2.5 cm 左右;毛呢料 3 cm 左右。

（8）袖长：58 cm,袖肘线：袖长/2＋3＝32 cm,1/2 袖口：袖口/2＝24/2＝12 cm。

（9）如图画顺袖缝。

（五）袖里、领底、门襟结构图（图 5-68）

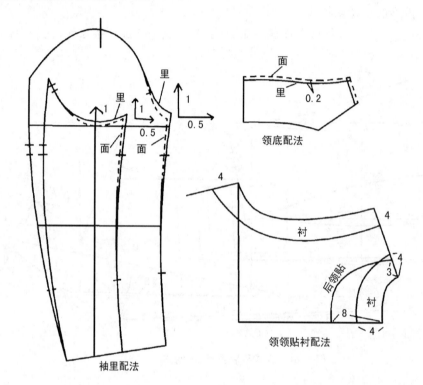

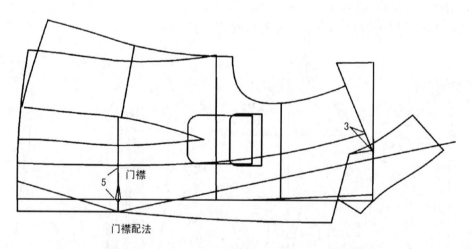

图 5-68　女式平驳领西装袖里、领底、门襟结构图

（六）缝份(图 5-69)

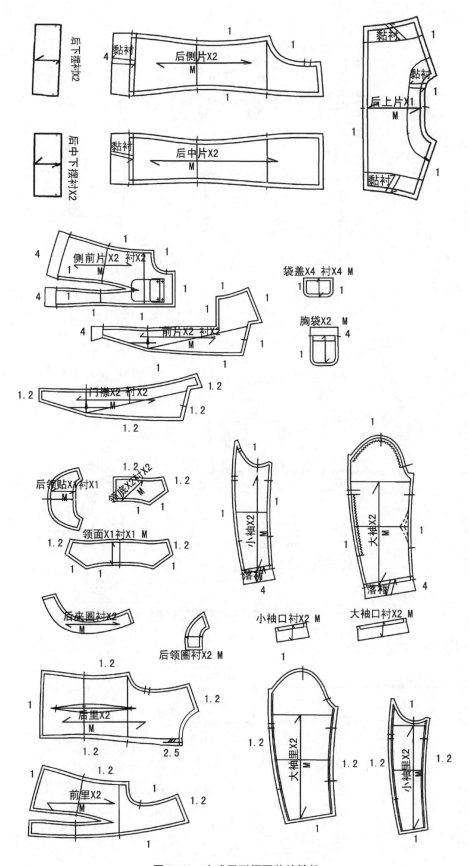

图 5-69 女式平驳领西装放缝份

（七）后片放码（图 5-70）

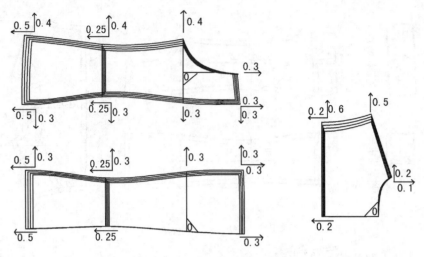

图 5-70　女式平驳领西装后片放码

（八）前片放码（图 5-71）

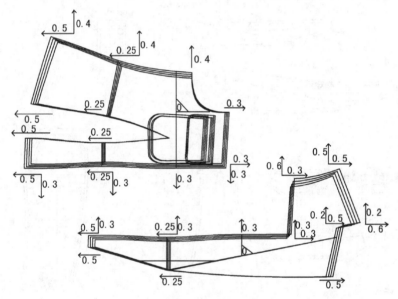

图 5-71　女式平驳领西装前片放码

（九）零配件放码（图 5-72）

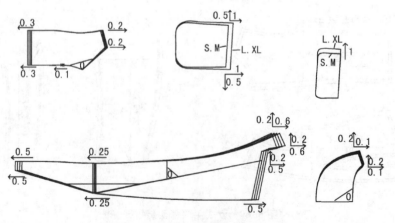

图 5-72　女式平驳领西装零配件放码

（十）二片袖放码（图 5-73）

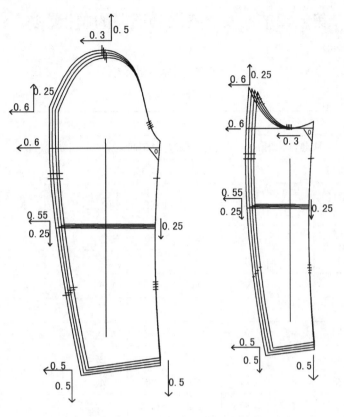

图 5-73　女式平驳领西装袖放码

（十一）里布放码（图 5-74）

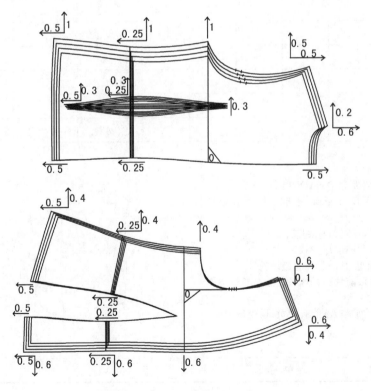

图 5-74　女式平驳领西装里布放码

第十四节 女式弯驳领西装的制板、放码

×××服饰有限公司

生产制单
NO:00099

客户:POK	工厂:宏展	款号:L0089	订单数:1800件	下单日期:
季节:冬季	主唛:EMIS	款式:女式弯驳领西装	实裁数:	出货日期:

面布用量:1.3Y/件	里布用量:1.1Y/件	衬布用量:0.5Y/件

部位	度法	纸样尺寸	S	M	L	XL	颜色	S	M	L	XL	合计
衣长	后中度	59	57	58	59	60	白色	100	200	200	100	600件
肩宽	直度	38.5	37	38	39	40	黑色	100	200	200	100	600件
胸围	袖窿底度	93	88	92	96	100	红色	100	200	200	100	600件
腰围		77	74	78	82	86				共:		1800件
摆围	直度	98	93	97	101	105	物料	用量		物料		用量
袖长	肩顶度	59	57	58	59	60	主唛	1		钮扣32#		1
袖口	直度	25	23	24	25	26	烟治	1		钮扣24#		2
袖肥	袖窿底度	33.5	31.8	33	34.2	35.4	洗水唛	1		钩仔		
后领高	后中度	7.5	7.5	7.5	7.5	7.5	挂牌	1		橡根		
夹圈	弯度	46.5	44.2	46	47.8	49.6	衣架			花边		
后领横	弯度	17	16.6	17	17.4	17.8	胶袋	1				
							拷贝纸	1				
							面料成本:					
							里料成本:					
							物料成本:					
							总成本:					

工艺要求:
1. 线用配色PP402线,针距每3 cm车14针。
2. 领平服,左右对称,不反吐子口,不准有接线及跳针现象。
3. 前左右各二条分割线,左右对称,线条流畅。
4. 上袖圆顺,不能起皱,两袖前后一致,长短一致。
5. 套里布口大小一致,不能有吊起和起皱现象。
6. 黏衬位:领、后背、袖口、前片、后下摆、袋盖。黏衬不能有起泡、渗胶现象。
7. 清除线头、污渍。整烫平整,不能有烫黄、反光现象。
8. 其他做法参照样衣。

审核:BM	制单:李小玲	设计:AM	纸样:陈瑶

制图步骤:

(一) 后片(图 5-75)

(1) 后领横 7.1 cm,后领深 2.5 cm,肩斜 15:5,套装后领横一般 7.5~8 cm,本款领横加宽 0.5 cm。

(2) 后肩宽:S/2=19.25 cm。

(3) 胸围线:B/6+(6~7)=22 cm。套装一般控制在 21~23 cm 左右。

(4) 腰围线:38 cm,臀围线 18 cm,后中长 59 cm。

(5) 后 B:B/4−0.5=(93+3)/4−0.5=23.5 cm。

(6) 分配腰围尺寸:(总 B−总 W)/2=(96−77)/2=9.5 cm。侧缝撇进 1 cm,后中撇 1.5 cm,省道做 3 cm。

(7) 分配摆围尺寸:(总摆围−总 B)/2=(98−96)/2=1 cm,侧缝加出 1 cm,后中撇进 1 cm。

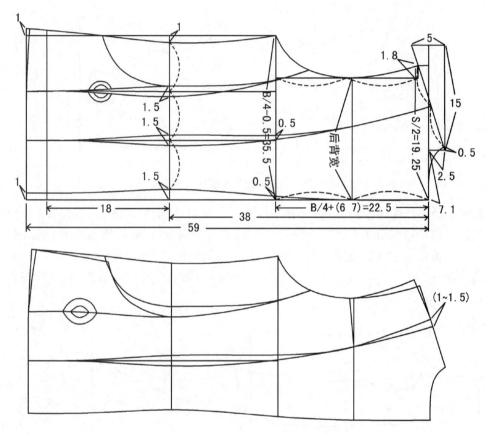

图 5-75 女式弯驳领西装前片结构图

(二) 前片(图 5-76)

(1) 前上平线比后上平线高 0.5 cm。前中撇胸 0~1 cm,前领横 6.9 cm,前肩斜 15:6,前肩宽加宽 0.5 cm,前领深加深 B/10−(1~2)=7 cm,前领深可以变化。

(2) 前小肩:后小肩−(0.2~0.5)cm=11.9−0.5=11.4 cm。

(3) 前 B:B/4+0.5=24.5 cm。

(4) 前胸宽:后胸宽−1=17.45−1=16.45 cm。

(三) 领(图 5-77)

(1) 翻折线:从肩点放出 2(2~2.5)cm,与第一个钮连成一道直线

(2) 把前领深分成三等分,第一等份与前中撇了的线连成一道直线。驳头宽一般可画 8(7~8)cm,与驳领起点连成一道直线,然后分成三等分,在第一等份放出 0.3(0.3~0.5)cm,画顺驳领外口。

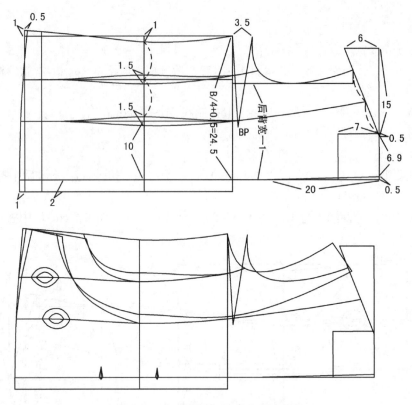

图 5-76　女式弯驳领西装前片结构图

（3）作翻折线的平行线，距离 2.5 cm 再作平行线 3.5 cm，量取后领弧长 8.5 cm，从平行线肩线交点开始量，作后领弧长的垂直线，取领中高 7.5(7~7.5)cm，作后中垂直线，画领角离驳领 1 cm，翻领外线分三等分。在第一等份降低 0.5 cm。翻领外线。分三等分，在第一份降低 0.5 cm。

（4）领窝点进 0.6(0.6~1)cm，与肩点连成一条直线，与后领中连成一条弧线，在后中作翻折线 2.5(2.5~3)cm。

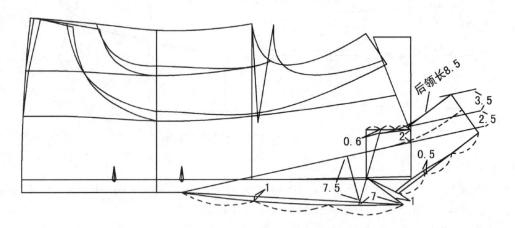

图 5-77　女式弯驳领西装领结构图

5. 设计弯驳领弧线(图 5-78)

（1）画好翻驳领，把驳领领底线画成弯型，在驳领起点作翻折线的垂直线，作驳领领底线的切线。

（2）用纸复制驳领底线，翻过来，接到切线两端相等。

（3）驳领领底弧线可短 0.5~1 cm，装领时拔开，领更平服。

（4）驳领领底可用斜纹，翻起来领更加平服。

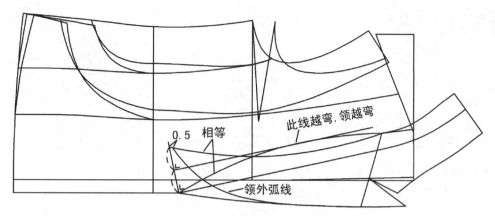

图 5-78 女式弯驳领西装领的结构图

（四）袖：二片袖（图 5-79）

（1）量取 AH＝46.5 cm（前 AH：23 cm，后 AH：23.5 cm）。

（2）袖山高：AH/3＋（0～1）＝16 cm，一般控制在 15～17 cm。

（3）前袖斜线：前 AH－0.5＝22.5 cm，后袖斜线：后 AH＋0.5＝24 cm。

（4）前 AH 分四等分，后 AH 分三等分，第一等分再分二等分，数值控制如图 5-79。

（5）把前袖肥分成二等分，作袖肥线的垂直线，在垂直线两边平衡画 3 cm 的线，高度到袖弧线。

（6）把后袖肥分成二等分，作袖肥线的垂直线，在垂直线两边画 1.5 cm 的线，高度到袖弧线，然后把小袖弧线画出来。

（7）袖溶位：化纤 2 cm 左右；毛涤混纺料 2.5 cm 左右；毛呢料 3 cm 左右。

（8）袖长：59 cm，袖肘线：袖长/2＋3＝32.5 cm，1/2 袖口：袖口/2＝24/2＝12 cm。

（9）如图 5-79 画顺袖缝。

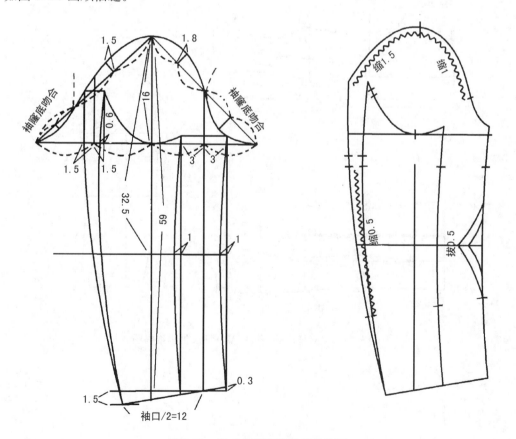

图 5-79 女式弯驳领西装袖结构图

10. 袖褶处理（图 5-80）

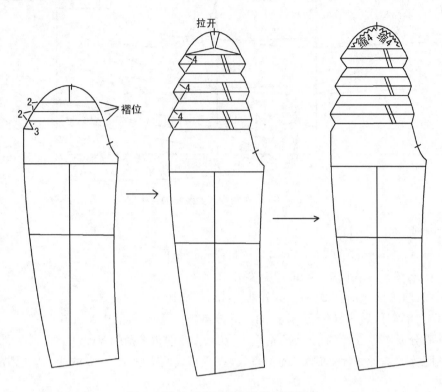

图 5-80　女式弯驳领西装袖褶结构图

（五）门襟、领贴、袖里结构图（图 5-81）

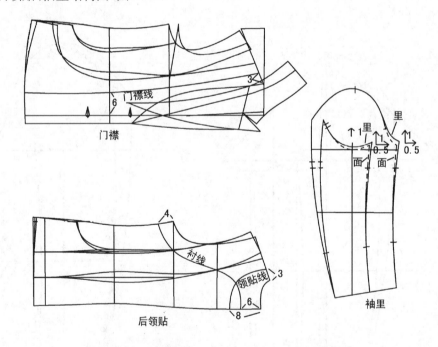

图 5-81　女式弯驳领西装门襟、领贴、袖里结构图

（六）缝份（图 5-82）

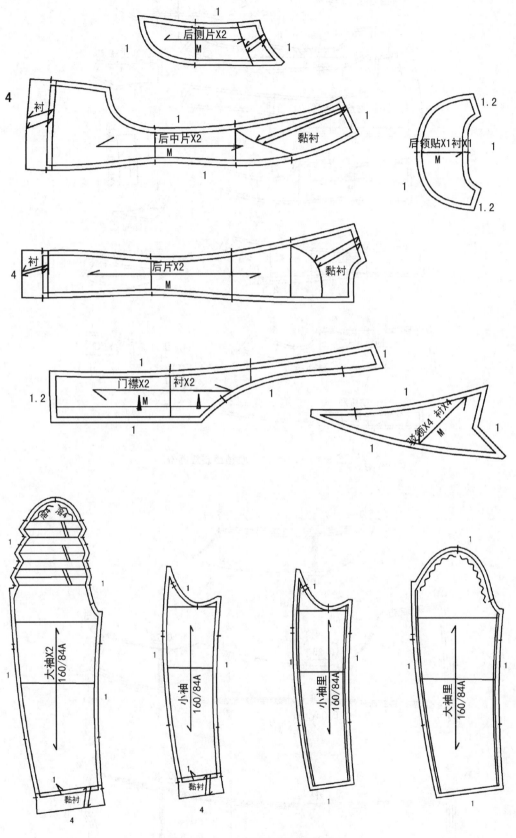

图 5-82-1 女式弯驳领西装放缝份

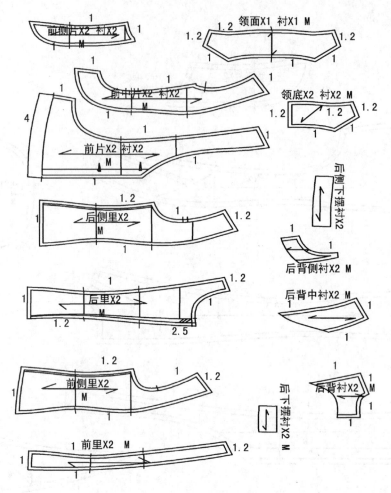

图 5-82-2　女式弯驳领西装放缝份

（七）后片放码（图 5-83）

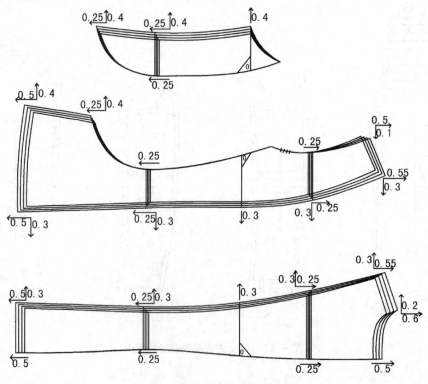

图 5-83　女式弯驳领西装后片放码

（八）前片放码（图 5-84）

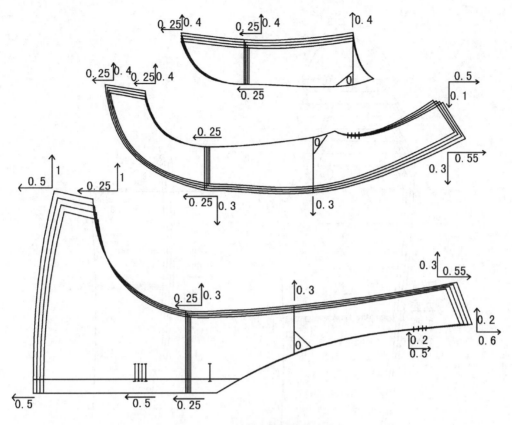

图 5-84　女式弯驳领西装前片放码

（九）零配件放码（图 5-85）

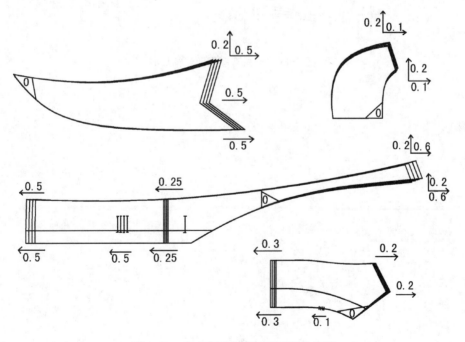

图 5-85　女式弯驳信领西装零配件放码

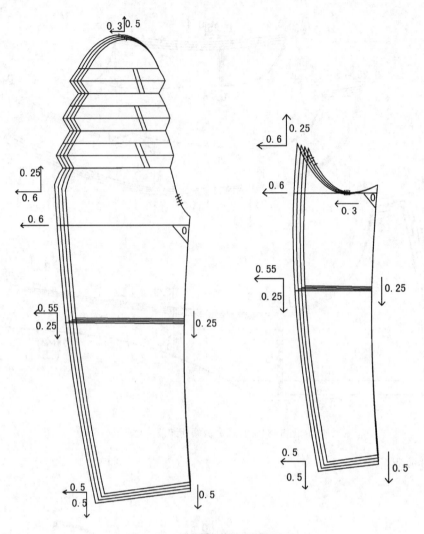

图 5-86　女式弯驳领西装袖放码

第十五节　女式大衣的制板、放码

××××服饰有限公司

生产制单

NO:00039

客户:POK	工厂:宏展	款号:L0062	订单数:1800件	下单日期:
季节:冬季	主唛:EMIS	款式:女式大衣	实裁数:	出货日期:
面布用量:1.5Y/件		里布用量:1.3Y/件		衬布用量:0.4Y/件

部位	度法	纸样尺寸	S	M	L	XL	颜色	S	M	L	XL	合计
衣长	后中度	86	83	85	87	89	白色	100	200	200	100	600件
肩宽	直度	40	38.5	39.5	40.5	41.5	黑色	100	200	200	100	600件
胸围	袖窿底度	95	90	94	98	102	红色	100	200	200	100	600件
腰围		79	76	80	84	88					共:	1800件
摆围	直度	110	105	109	113	107	物料	用量		物料	用量	
袖长	肩顶度	60	58	59	60	61	主唛	1		钮扣32#	7	
袖口	直度	27	25	26	27	28	烟治	1		钮扣		
袖肥	袖窿底度	34.5	32.8	34	35.2	36.4	洗水唛	1		钩仔		
领高	后中度	10	10	10	10	10	挂牌	1		橡根		
袖窿	弯度	48	45.7	47.5	49.3	51.1	衣架			花边		
后领横	弯度	19	18.6	19	19.4	19.8	胶袋	1				
后背宽	后中下12度	18	16.8	18	19.2	20.4	拷贝纸	1				
前胸宽	肩顶下15度	17	15.8	17	18.2	19.4						
							面料成本:					
							里料成本:					
							物料成本:					
							总成本:					

工艺要求:
1. 线用配色PP402线,针距每3 cm车14针。
2. 领平服,左右对称,不反吐子口,不准有接线及跳针现象。
3. 前左右各一个胸省,左右对称,线条流畅。
4. 上袖圆顺,不能起皱,两袖前后一致,长短一致。
5. 套里布子口大小一致,不能有吊起和起皱现象。
6. 黏衬位:领、后背、袖口、前片、后下摆。黏衬不能有起泡、渗胶现象。
7. 清除线头、污渍。整烫平整,不能有烫黄、反光现象。
8. 其他做法参照样衣。

审核:BM	制单:李小玲	设计:AM	纸样:陈瑶

制图步骤：

（一）后片（图 5-87）

（1）后领横 7.1 cm，后领深 2.5 cm，肩斜 15∶5，套装后领横一般 7.5～9 cm，本款领横加宽 1.5 cm。

（2）后肩宽：S/2=20 cm。

（3）胸围线：B/6+（6～7）=23 cm。套装一般控制在 22～24 cm 左右。后袖窿比前袖窿大 0～2 cm，所以后袖窿要控制在 24.5 cm 左右。

（4）腰围线：38 cm。

（5）臀围线 18 cm。

（6）后中长（86+1）=87 cm。其中 1 cm 为后中分割线降低的量。

（7）后 B：B/4-0.5=（95+3）/4-0.5=24 cm。

（8）分配腰围尺寸：（总 B-总 W）/2=（98-79）/2=9.5 cm，侧缝撇进 1 cm，后中撇 1.5 cm，省道做 3 cm。

（9）分配摆围尺寸：（总摆围-总 B）/2=（110-98）/2=6 cm，侧缝加出 3 cm。

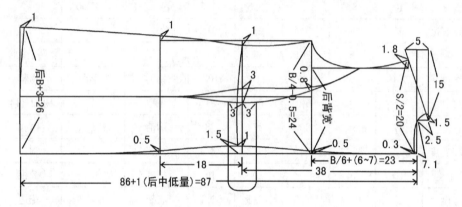

图 5-87　女式大衣后片结构图

（10）后片腰褶（图 5-88）

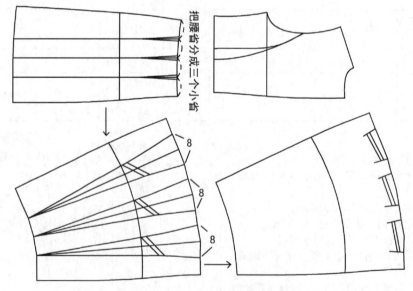

图 5-88　女式大衣前褶的结构图

（二）前片（图 5-89）

（1）上平线比后上平线高 0.5 cm，前领横 6.9 cm，前领深 7.6 cm，前肩斜 15∶6，前肩宽加宽 1.5 cm，前领深加深 2 cm，前领深可以变化。

(2) 前小肩：后小肩－(0.2～0.5)cm＝11.9－0.5＝11.4 cm。

(3) 前 B：B/4+0.5＝25 cm。

(4) 前胸宽：后胸宽－1＝18.2－1＝17.2 cm。

(5) 前片腰褶(图 5-90)

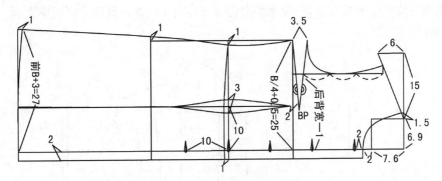

图 5-89　女式大衣前片结构图

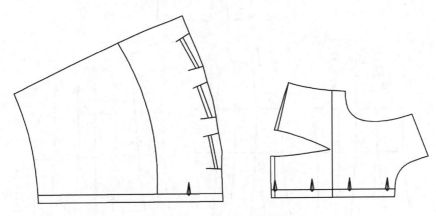

图 5-90　女式大衣前褶的结构图

(三) 袖：借肩三片袖(图 5-91)

(1) 量取 AH＝48 cm(前 AH＝23.5 cm，后 AH＝24.5 cm)。

(2) 袖山高：AH/3+(0～1)＝16 cm，一般控制 15～17 cm。

(3) 前袖斜线：前 AH－0.5＝23 cm，后袖斜线：后 AH+0.5＝25 cm。

(4) 前 AH 分四等分，后 AH 分三等分，第一等份再分二等分，数值控制如图 5-91。

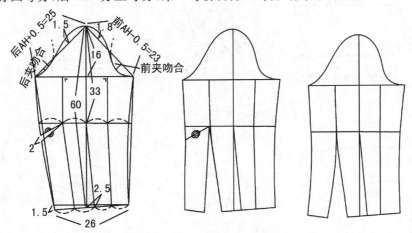

图 5-91　女式大衣袖的结构图

（5）把前袖肘分成二等分，作袖斜线的垂直线，与袖肥线相交。把后袖肘分成二等分，作袖斜线的垂直线，与袖肥线相交。

（6）把后袖口分成二等分，与后袖肘线连线，把前袖口分两等分，与前袖肘线连线。

（7）袖溶位：化纤：2 cm 左右；毛涤混纺料：2.5 cm 左右；毛呢料：3 cm 左右。

（8）袖长：60 cm，袖肘：袖长/2+3＝33 cm，1/2 袖口：袖口/2＝27/2＝13 cm。

（9）量后袖缝与前袖缝的长度差，差数做袖肘省 2 cm，把袖肘省转到后分割线中去。

（10）借肩袖（图 5-92）

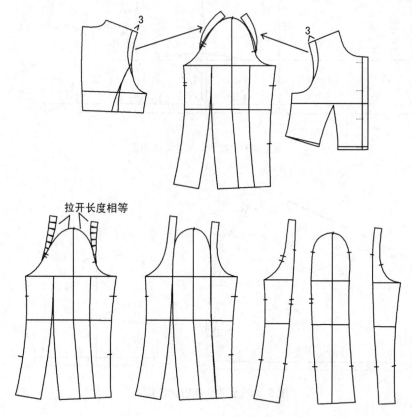

拉开长度相等

图 5-92　女式大衣借肩袖的结构图

（四）领

（1）独立制图法（图 5-93）

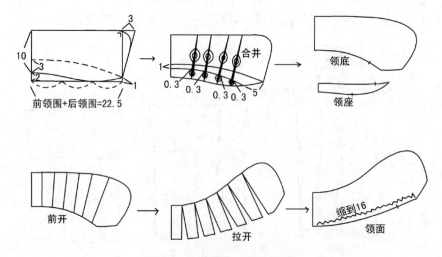

前领围+后领围=22.5

合并

0.3　0.3　0.3 0.3　5

领底

领座

前开

拉开

缩到16

领面

图 5-93　女式大衣领的结构图

① 量取前后领围长度,本款 22.5 cm。

② 把领底线分成三等分,前中抬高 1 cm,后中抬高 2(1.5~3)cm,然后画成一条弧线,后中成角。

③ 后领高 10(7.5~12)cm,作后中垂直线,领尖伸出 3 cm,与前领点连线。

④ 领尖放出 3 cm,然后画成圆角。

⑤ 作翻折线 3(2.5~3.5)cm。

⑥ 把领底线剪开,拉出所需要溶的量。

(2) 套裁法(图 5-94)

① 把前领深分成三等分,与前领点连成一条直线,也就是把前领围画成浅圆形。

② 画基础圆:取 0.8a=0.8×3=2.4 cm,作基础圆,然后作基础圆的切线,切线不能超过前领横的一半,否则前面抱脖太紧,前领重合越多,抱脖越紧,重合越少,离脖越松。

③ 取 0.9a = 0.9 × 3 = 2.7 cm,作切线的平行线。

④ 在切线的平行线上取 a+b=10 cm,然后作垂直线,在垂直线上取 2(b−a)=2×4=8 cm,与平行线交点连成一条直线。

⑤ 画顺翻领领底线,分别取领和后领弧长,作垂直线,取后领高 10 cm 作后领的垂直线,领尖伸出 3 cm,把领尖画成圆形。

⑥ 画翻折线 3 cm,翻折线一般控制在 2.5~3.5 cm。

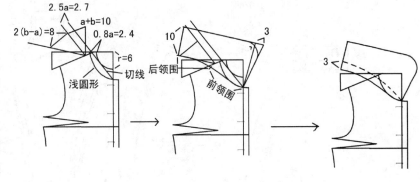

图 5-94　女式大衣领的套裁法结构图

(五)门襟、后领贴结构图(图 5-95)

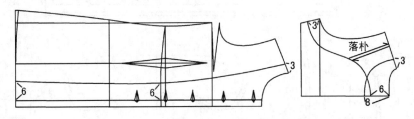

图 5-95　女式大衣门襟、后领贴结构图

(六)里布结构图(图 5-96)

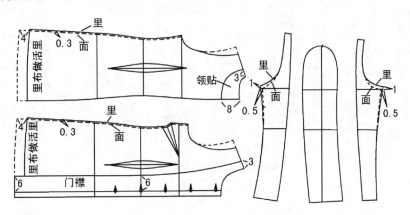

图 5-96　女式大衣里布结构图

（七）面布缝份（图 5-97）

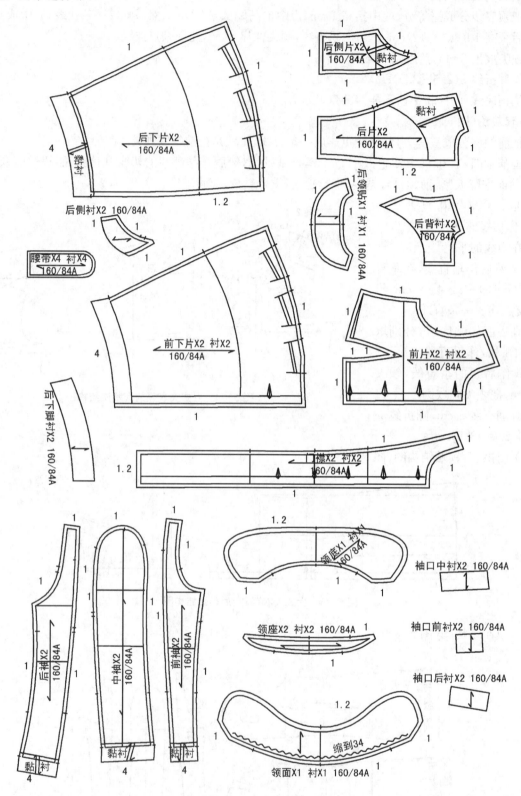

图 5-97　女式大衣面布缝份

（八）里布缝份(图 5-98)

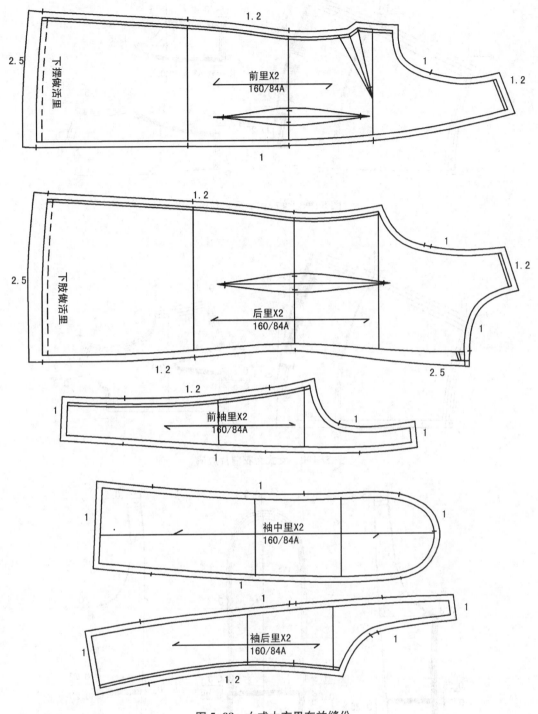

图 5-98 女式大衣里布放缝份

（九）后片放码(图 5-99)

（十）前片放码(图 5-100)

（十一）袖放码(图 5-101)

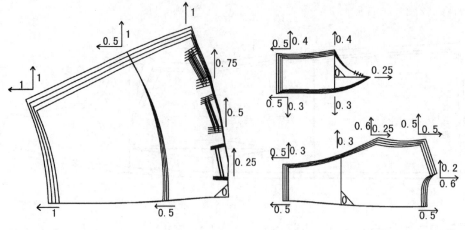

图 5-99　女式大衣后片放码

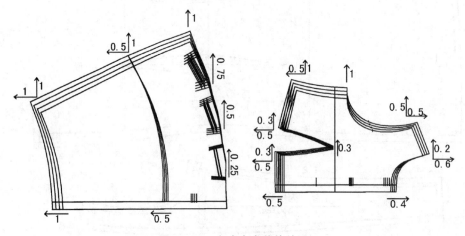

图 5-100　女式大衣前片放码

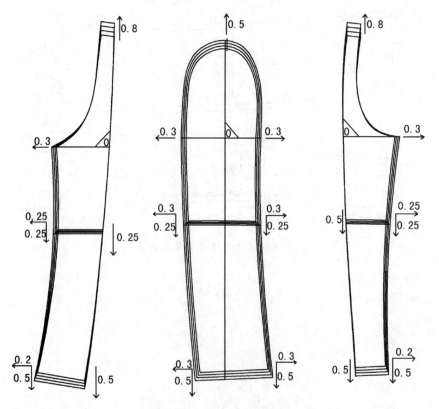

图 5-101　女式大衣袖放码

（十二）零配件放码（图 5-102）

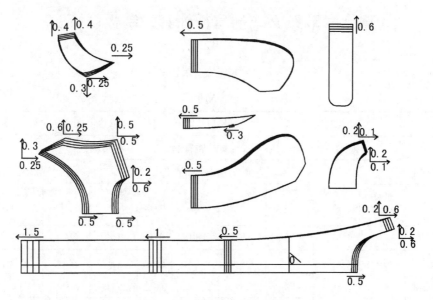

图 5-102　女式大衣零配件放码

（十三）里布放码（图 5-103）

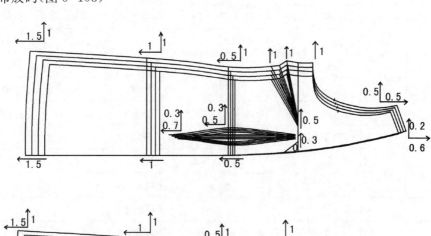

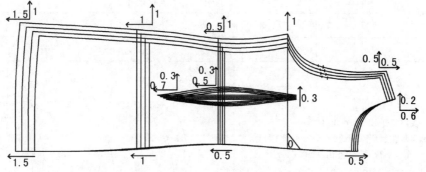

图 5-103　女式大衣里布放码

第十六节 女式插肩袖外套的制板、放码

××××服饰有限公司

生产制单   NO:00039

客户:POK		工厂:宏展	款号:L0068		订单数:1800件		下单日期:	
季节:冬季		主唛:EMIS	款式:女式插肩袖		实裁数:		出货日期:	
面布用量:1.5Y/件			里布用量:1.3Y/件			衬布用量:0.4Y/件		

部位	度法	纸样尺寸	S	M	L	XL	颜色	S	M	L	XL	合计
衣长	后中度	59	57	58	59	60	白色	100	200	200	100	600件
肩宽	直度	40	38.5	39.5	40.5	41.5	黑色	100	200	200	100	600件
胸围	袖窿底度	95	90	94	98	102	红色	100	200	200	100	600件
腰围		81	78	82	86	90				共:		1800件
摆围	直度	101	96	100	104	108	物料	用量		物料		用量
袖长	领边度	71	68.5	70	71.5	73	主唛	1		拉链		1
袖口	直度	26	24	25	26	27	烟治	1		钮扣		
袖肥	袖窿底度	34.5	32.4	34	35.6	37.2	洗水唛	1		钩仔		
后领高	后中度	7	7	7	7	7	挂牌	1		橡根		
后领横	弯度	19	18.6	19	19.4	19.8	衣架			花边		
帽高	半度	38.5	37.5	38	38.5	39	胶袋	1				
帽宽	半度	25.5	24.5	25	25.5	26	拷贝纸	1				
							面料成本:					
							里料成本:					
							物料成本:					
							总成本:					

工艺要求:
1. 线用配色PP402线,针距每3 cm车14针。
2. 前中装拉链,顺直,不能起蛇型,拉链车线不能接线。
3. 套里布子口大小一致,不能有吊起和起皱现象。
4. 上袖左右对称,前后一致。
5. 前后每边各一条公主线,左右称。
7. 清除线头、污渍。整烫平整,不能有烫黄、反光现象。
8. 其他做法参照样衣。
注意:布料烫缩后方可开裁。

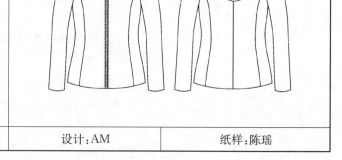

审核:BM	制单:李小玲	设计:AM	纸样:陈瑶

制图步骤:

(一)后片(图 5-104)

(1)后领横 7.1 cm,后领深 2.5 cm,肩斜 15∶5,本款后领横加宽 1.5 cm。

(2)后肩宽:S/2=20 cm。

(3)胸围线:B/6+7=23 cm,一般控制在 22~25 cm 左右。

(4)腰围线:38 cm。

(5)臀围线 18 cm。

(6)后中长 59 cm。

(7)后 B:B/4−0.5=(95+3)/4−0.5=24 cm。

(8)分配腰围尺寸:(总 B−总 W)/2=(98−81)/2=8.5 cm,侧缝撇进 1 cm,后中撇 1.5 cm,省道 2.5 cm。

(9)分配摆围尺寸:(总摆围−总 B)/2=(101−98)/2=3 cm,侧缝加出 1 cm,公主线相交叉 0.5 cm。

(10)后袖肥:一般可先控制在 AH/2+(0.5~1)=18 cm。

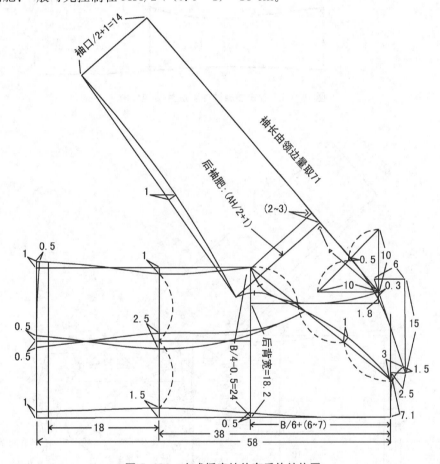

图 5-104 女式插肩袖外套后片结构图

(11)后片纸样分解(图 5-105)

(二)前片(图 5-106)

(1)上平线比后上平线低 0.5 cm。前领横 6.9 cm,前领深 7.6 cm,前肩斜 15∶6,前肩宽加宽 1.5 cm,前领深加深 1.5 cm。

(2)前小肩:后小肩−(0.2~0.5)cm。

(3)前 B:B/4+0.5=25 cm。

(4)前胸宽:后胸宽−1=18.2−1=17.2 cm。

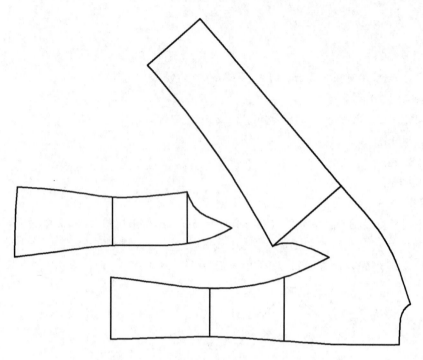

图 5-105　女式插肩袖外套后片结构分解

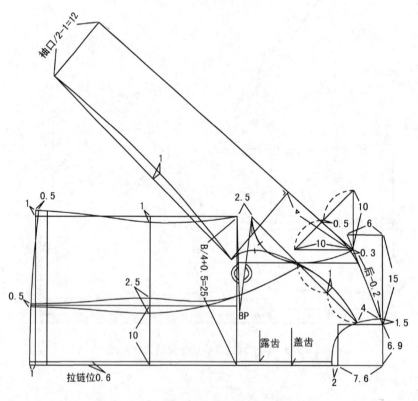

图 5-106　女式插肩袖外套前片结构图

（三）领：独立制图（图 5-107）

（1）量取前后领围长度，本款 22 cm。

（2）把领底线分成三等分，前中抬高 1 cm，后中也提高 1 cm，然后画成一条弧线，后中成直角。

（3）前中作弧线的垂直线。

（4）后领高 7 cm，作后中垂直线，前中画成圆角。

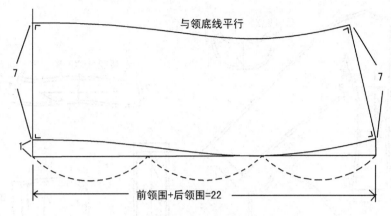

图 5-107　女式插肩袖外套领结构制图

（四）帽的结构图（图 5-108）

（1）帽高＝38＋0.5（损耗）＋1（前中降低量）1 cm＝39.5 cm。

（2）帽宽＝25＋0.5（损耗）＝25.5 cm。

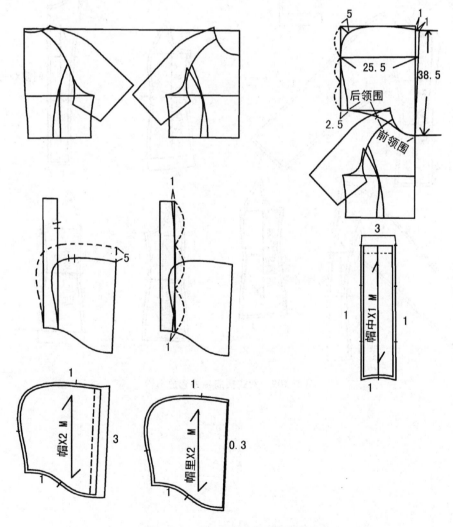

图 5-108　女式插肩袖外套帽结构图

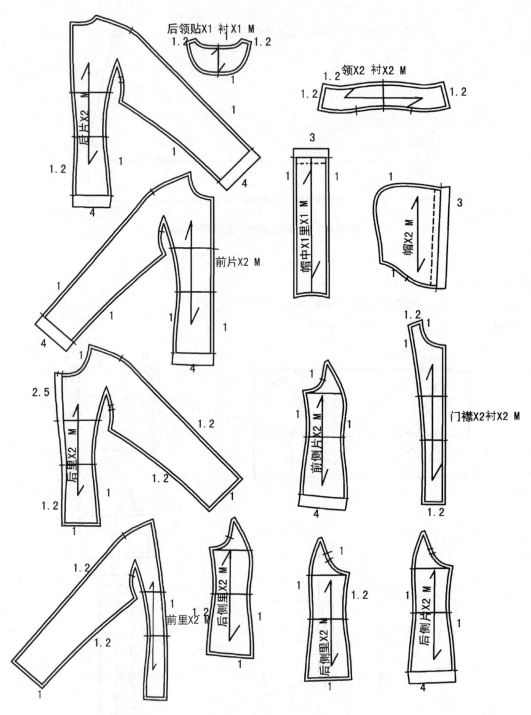

图 5-109　女式插肩袖外套放缝份

（六）后片放码（图 5-110）

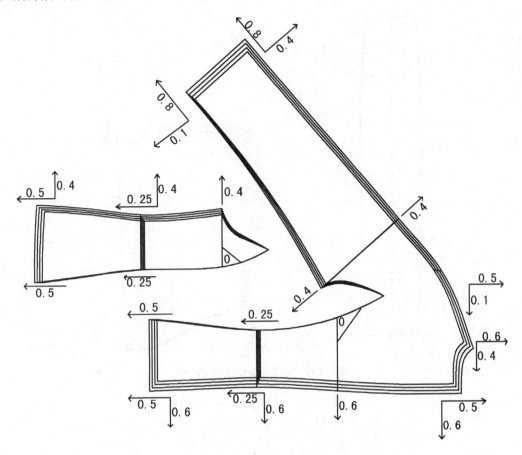

图 5-110　女式插肩袖外套后片放码

（七）前片放码（图 5-111）

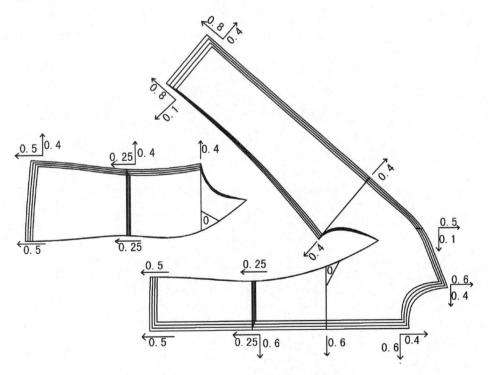

图 5-111　女式插肩袖外套前片放码

（八）帽放码(图 5-112)

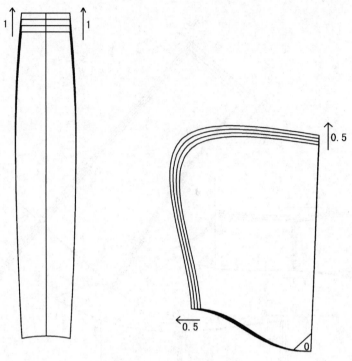

图 5-112　女式插肩袖外套帽放码

第十七节 女式针织衫的制板、放码

××××服饰有限公司

生产制单   NO:00029

客户:POK	工厂:宏展	款号:L0075	订单数:900件	下单日期:
季节:春季	主唛:EMIS	款式:女式针织衫	实裁数:	出货日期:

| 面布用量:0.6Y/件 | | | | 里布用量: | | | 朴布用量: | |

部位	度法	纸样尺寸	S	M	L		颜色	S	M	L		合计
衣长	后中度	52	50	51	52		白色	100	200	100		300件
肩宽	直度	35	34	35	36		黑色	100	200	100		300件
胸围	袖窿底度	80	76	80	84		红色	100	200	100		300件
腰围		70	66	70	74						共:	900件
摆围	直度	78	74	78	82		物料	用量		物料	用量	
后领围	弯度	23	22.5	23	23.5		主唛	1		钮扣32♯		
袖窿	弯度	40	38	40	42		烟治	1		钮扣		
							洗水唛	1		钩仔		
							挂牌	1		橡根		
							衣架			花边		
							胶袋	1				
							拷贝纸	1				
							面料成本:					
							里料成本:					
							物料成本:					
							总成本:					

工艺要求:
1. 线用配色PP402线,针距每3 cm车14针。
2. 领、袖窿、下摆有乒车,注意双线宽窄一致,顺直,乒车后不能露缝份。
3. 肩缝、侧缝有四线锁边。
   主唛车后中下2 cm,西式唛车主唛下。
4. 清除线头、污渍。整烫平整,不能有烫黄、反光现象。
5. 其他做法参照样衣。
6. 注意:清松布、打气试缩后方可开裁。查纸样后方可开裁。

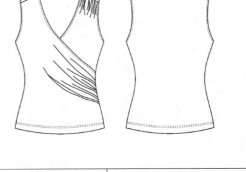

审核:BM	制单:李小玲	设计:AM	纸样:陈瑶

制图步骤：

（一）后片（图 5-113）

（1）后领横 7.1 cm，后领深 2.5 cm，肩斜 15:5，后领横加宽 3 cm，加深 1.5 cm。

（2）后肩宽：S/2＝17.5 cm。

（3）胸围线：B/6＋7＝20 cm，一般控制在 19～22 cm 左右。

（4）腰围线：36 cm。

（5）臀围线 18 cm。

（6）后中长 52 cm。

（7）后 B：B/4＝80/4＝20 cm。

（8）后摆围：摆围/4＝19.5 cm。

（二）前片（图 5-114）

（1）上平线与后上平线一样高。前领横 6.9 cm，前领深 7.6 cm，前肩斜 15:6，前肩宽加宽 3 cm。

（2）前小肩：后小肩－（0.2～0.5）cm。

（3）前 B：B/4＝20 cm。

（4）后摆：摆围/4＝19.5 cm。

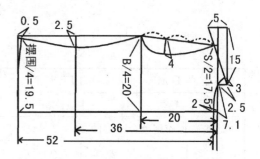

图 5-113　女式针织衫后片结构图

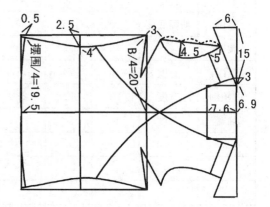

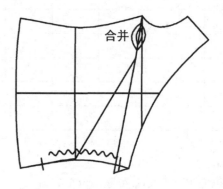

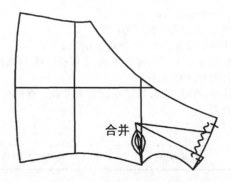

图 5-114　女式针织衫前片结构图

（三）缝份（图 5-115）

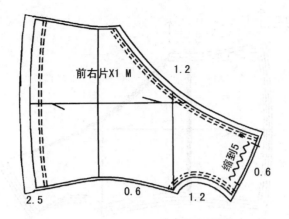

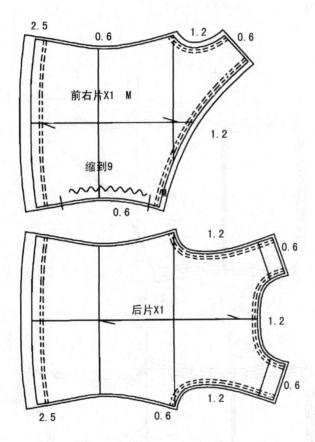

图 5-115　女式针织衫放缝份

（四）放码(图 5-116)

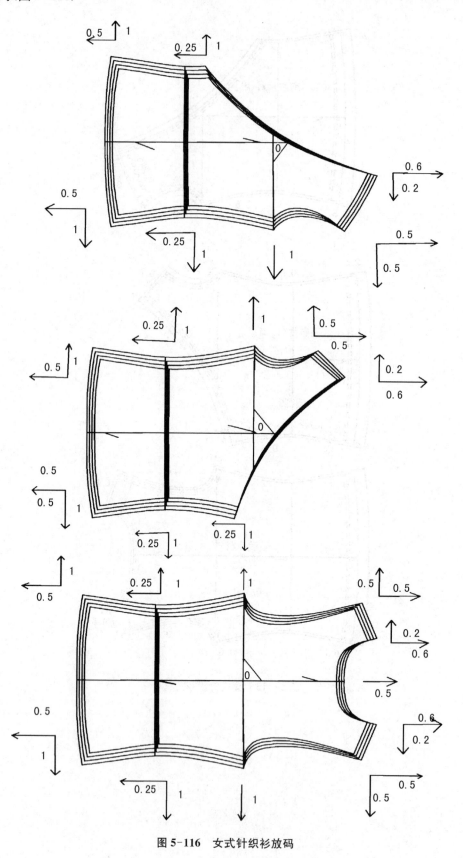

图 5-116　女式针织衫放码

第十八节　女式立领外套的制板、放码

××××服饰有限公司

生产制单　　　　　　　　　　　　　　　　　　　　　　　　NO:00022

客户:POK	工厂:宏展		款号:L0058		订单数:900件		下单日期:	
季节:春季	主唛:EMIS		款式:女式立领外套		实裁数:		出货日期:	
面布用量:1.3Y/件			里布用量:1.1Y/件			衬布用量:0.2Y/件		

部位	度法	纸样尺寸	S	M	L	XL	颜色	S	M	L		合计
衣长	后中度	63	60.5	62	63.5	65	白色	100	200	100		300件
肩宽	直度	38.5	37	38	39	40	黑色	100	200	100		300件
胸围	袖隆底度	93	88	92	96	100	红色	100	200	100		300件
腰围		79	76	80	84	88					共:	900件
摆围	直度	97	92	96	100	104	物料	用量	物料		用量	
袖长	直度	59	56.8	58	59.2	60.4	主唛	1	钮扣32#		3	
袖隆	弯度	46.5	44	46	48	50	烟治	1	钮扣			
袖肥	袖隆底度	32.5	30.8	32	33.2	34.4	洗水唛	1	钩仔			
袖口	直度	24	22.5	23.5	24.5	25.5	挂牌	1	橡根			
							衣架		花边			
							胶袋	1				
							拷贝纸	1				
							面料成本:					
							里料成本:					
							物料成本:					
							总成本:					

工艺要求:
1. 线用配色PP402线,针距每3 cm车14针。
2. 领平服,左右对称,不反吐子口,不准有接线及跳针现象。
3. 前片左右各一条分割线和一个省,后片左右各一条分割线和一个省,左右对称,线条流畅。
4. 上袖圆顺,不能起皱,两袖前后一致,长短一致。
5. 套里布子口大小一致,不能有吊起和起皱现象。
6. 黏衬位:后背、袖口、前片、后下摆,黏衬不能有起泡、渗胶现象。
7. 清除线头、污渍。整烫平整,不能有烫黄、反光现象。
8. 其他做法参照样衣。

审核:BM	制单:李小玲	设计:AM	纸样:陈瑶

制图步骤:

（一）前、后片结构图（图 5-117）

（1）后领横 7.1 cm，后领深 2.5 cm，肩斜 15:5，套装后领横一般 7.5～8 cm，本款领横加宽 0.5 cm。

（2）后肩宽：S/2=19.25 cm。

（3）胸围线：B/6+（6～7）=22 cm，套装一般控制在 21～23 cm 左右。

（4）腰围线：38 cm，臀围线 18 cm，后中长 59 cm。

（5）B/2：B/4−0.5=（93+3）/2=23.5 cm。

（6）上平线比后上平线一样低 0.5 cm。前中撇胸 0～1 cm。前领横 6.9 cm，前领深 7.6 cm，前肩斜 15:6，前肩宽加宽 0.5 cm，前领深加深 7.6 cm，前领深可以变化。

（7）前小肩：后小肩−（0.2～0.5）cm=11.9−0.5=11.4 cm。

（8）前胸宽：后胸宽−1=17.45−1=16.45 cm。

（9）腰围分配：B/2−W/2=48−39.5=8.5 cm，后中分配 2，后侧缝分配 3.5 cm，前侧缝分配 3 cm。

（10）摆围分配：摆围/2−B/2=48.5−48=0.5 cm，后中撇 1 cm，共 1.5 cm。然后分配在前后下摆缝上，后侧缝 1 cm，前侧缝 0.5 cm。

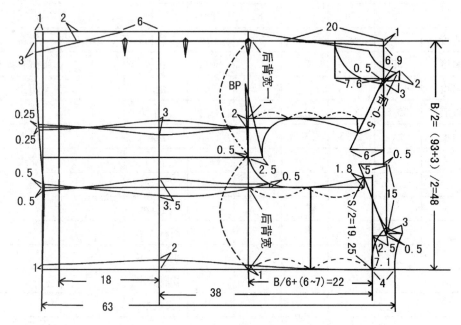

图 5-117　女式立领外套结构图

（11）**转移省道**（图 5-118）

（二）袖：二片袖（图 5-119）

（1）量取 AH=46.5 cm（前 AH：23 cm 后 AH：23.5 cm）。

（2）袖山高：AH/3+（0～1）=16 cm，一般控制 15～17 cm。

（3）前袖斜线：前 AH−0.5=22.5 cm，后袖斜线：后 AH+0.5=24 cm。

（4）前 AH 分四等分，后 AH 分三等分，第一等分再分二等分，数值控制如图 5-119。

（5）把前袖肥分成二等分，作袖肥线的垂直线，在垂直线两边平衡画 3 cm 的线，高度到袖弧线。

（6）把后袖肥分成二等分，作袖肥线的垂直线，在垂直线两边平衡画 1.5 cm 的线，高度到袖弧线，然后把小袖弧线画出来。

（7）袖溶位：化纤 2 cm 左右；毛涤混纺料 2.5 cm 左右；毛呢料 3 cm 左右。

（8）袖长：59 cm，袖肘线：袖长/2+3=32.5 cm，1/2 袖口：袖口/2=24/2=12 cm。

（9）如图 5-119 画顺袖缝。

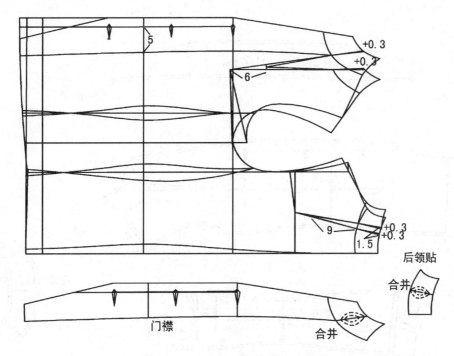

图 5-118 女式立领外套省道转移

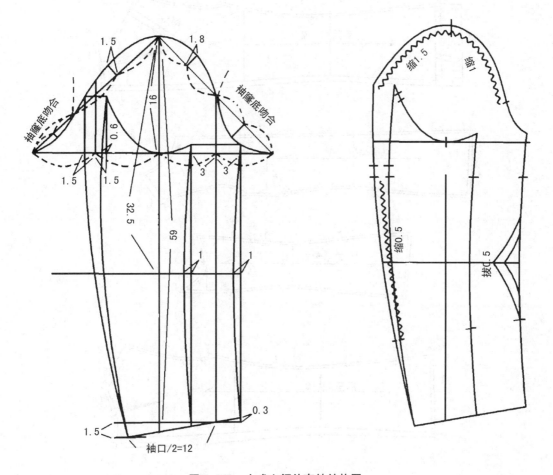

图 5-119 女式立领外套袖结构图

（三）放缝份（图 5-120）

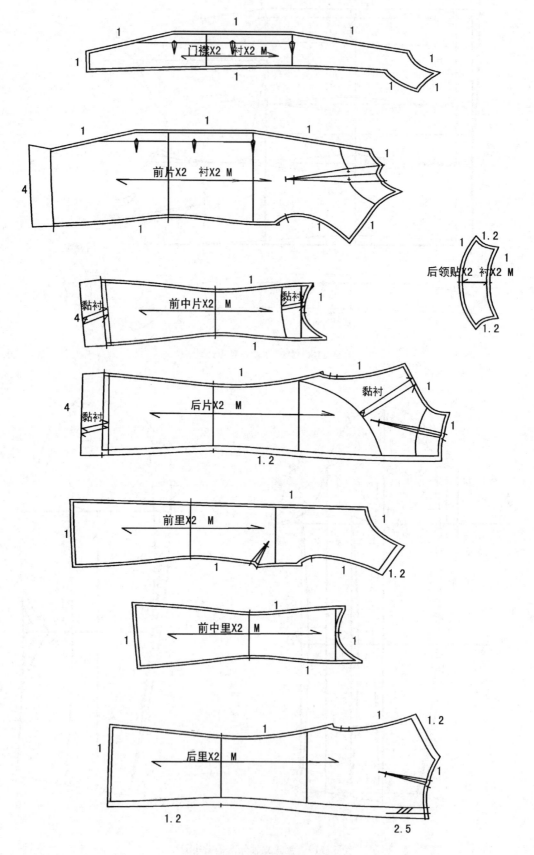

门襟X2　衬X2 M

前片X2　衬X2 M

后领贴X2　衬X2 M

黏衬　前中片X2 M　黏衬

黏衬　后片X2 M　黏衬

前里X2 M

前中里X2 M

后里X2 M

图 5-120　女式立领外套放缝份

（四）面布放码（图 5-121）

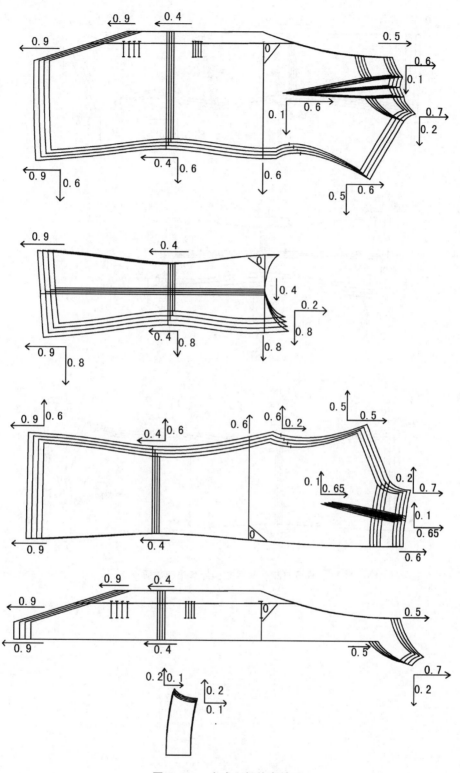

图 5-121　女式立领外套放码

（五）里布放码（图 5-122）

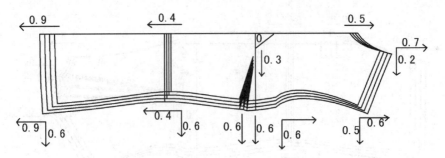

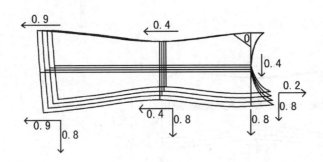

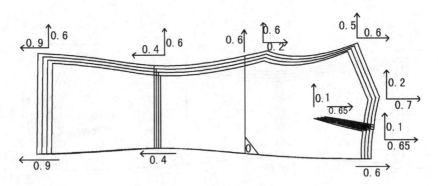

图 5-122　女式立领外套里布放码

（六）袖放码（图 5-123）

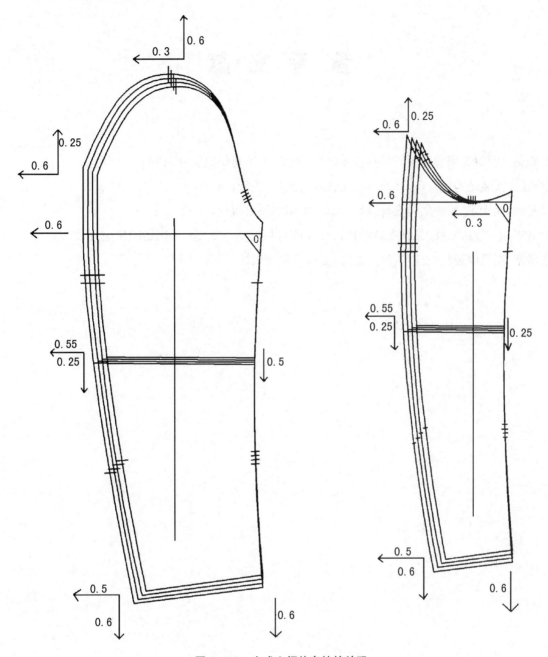

图 5-123　女式立领外套袖的放码

参 考 文 献

［1］王海亮,周邦桢. 服装制图与推板技术［M］. 北京:中国纺织出版社,1999

［2］章永红. 女装结构设计(上)［M］. 杭州:浙江大学出版社,2005

［3］周亚丽,周少华. 服装结构设计［M］. 北京:中国纺织出版社,2002

［4］刘玉宝,刘玉红,刘强. 品牌女装结构设计原理与制板［M］. 北京:中国纺织出版社,2005

［5］张孝宠. 高级服装打板技术［M］. 上海:上海文化出版社,2004